解鎖Z世代職場即戰力

掌握「超合理、超個人、超自主」三大特質
建立跨世代順暢溝通、高效共事的團隊文化

임홍택 林洪澤 —— 著
張亞薇 —— 譯

目錄 CONTENTS

推薦序

「《解鎖Z世代職場即戰力》最令人印象深刻之處，在於點出時代和世代皆在改變。時代與世代在變化的同時，彼此之間有著深遠的影響。作者在前作《九〇世代來了》（暫譯，90년생이 온다）中做出明快大膽的詮釋，在本書中又更為深入地進行剖析。」

——閔熙慶（민희경）／CJ第一製糖社會貢獻促進組長

「我相信，傾聽是一位成功的領導者最重要的能力。真正的傾聽始於理解他人，如今，隨著二〇〇〇年後出生的孩子陸續進入社會，任何組織都需要真正理解他們這個世代。我強烈推薦本書，因為它提出深刻的見解，為想要理解Z世代的領導者釐清本質上的差異，引導彼此達成全新的共識。」

——尹汝善（윤여선）／韓國科學技術院（KAIST）商學院院長

「韓國透過壓縮成長，在經濟上發展為高所得國家，然而世代與區域之間的隔閡、對立與矛盾卻不斷擴大。若要『超越自己所處世代的有限眼界』，理解其他世代正是第一步。《解鎖Z世代職場即戰力》這本書，希望人們能跨越世代的界線。」

——全正煥（전정환）／《社群資本論》（暫譯，커뮤니티 자본론）、《千禧世代的反擊》（暫譯，밀레니얼의 반격）作者

「我們正在變老，在這個嚴峻法則下，沒有人是例外。我們都必須與更年輕的世代共存，為了做到這一點，我們必須先了解他們。正如時代導師崔載千（최재천）教授的座右銘：『如果你了解，你將會愛。』沒有必要去理解，沒有必要去分析，只要試著了解就足夠了。這是一本最友善、最令人愉快的指南，幫助我們認識下個世代的主人翁。感謝作者林洪澤，讓身為心理學者的我認識與日俱增的下一代。我對本書滿懷感激。」

——金景一（김경일）／認知心理學家

「作者林洪澤是位難能可貴的後輩和搭檔，我很榮幸能搶先閱讀他的新作。他對日常、瑣碎的話題，有獨特的觀察和與眾不同的見解，令人印象深刻。他對於時代的論述，也能在深度中增添趣味，讓人拍案叫絕。他藉由豐富的案例、貼近你我的故事，以及輕鬆流暢的敘述，像施了魔法那樣，讓讀者只要一翻開書，就不知不覺讀到最後一頁。」

——楊炳采（양병채）／海洋水產人力資源發展院院長

「正如作者所說，世代與時代彼此相互影響。新一代在反映當代樣貌的同時，形成了新的時代，在尋求與既有世代共存的過程中又再次發生改變。本書細膩地觀察了韓國社會中出現的各種現象，讓我們知道剛步入社會的〇〇後出生的世代，是透過什麼途徑形成現在的想法和思考模式，為反思如何實現世代共存、如何同理傾聽和溝通，提供了寶貴的機會。」

——趙尚旭（조상욱）／律村法律事務所（법무법인 율촌）律師、《越界者們》（暫譯，선을 넘는 사람들）作者

「二〇〇〇年後出生的世代，在職場上不再以年資為傲，而是以辭職或退休為目標。這個世代讓韓國社會經濟特徵和問題原形畢露。作者在前作《九〇世代來了》一書中提供了超越世代界線（從而脫離自我中心）的洞見，在本書中又更鉅細靡遺地說明了唯有理解〇〇後出生的Z世代，才能獲得的解決方案和機會。書中精闢的世代論乃基於一九八〇年代以後的社會經濟指標，並非一套強行拼湊出的虛構論述。最重要的是，它很有趣。推薦給需要與Z世代共事的人們。」

——朴智惠（박지혜）／《如何再版》（暫譯，중쇄 찍는 법）作者、Murly Books出版社執行長

前言

當工作達到「一」的境界

在一場地方青年音樂會上，我在台上提問「有沒有人能自信地說出自己最喜歡做的事？」一位二〇〇〇年後出生的大學生，毫不猶豫地回答：「我最喜歡做的事就是『什麼都不做』。」這個意想不到的答案雖然讓我有些措手不及，但我想，這個答案也代表著一種時代和世代的改變。

最近無論在大學授課或在地方活動現場，遇到〇〇後出生、二十出頭的年輕人時，最深刻的感受是他們對工作的看法正在改變。至少對他們來說，傳統朝九晚六、每週工作五天的職業可能不再是預設選項。

當然，這種改變並不只發生在韓國社會。根據德勤（Deloitte）二〇二二年發布的報告，新加坡有四六％的Z世代表示不會選擇傳統職業，澳洲有六〇％知識型人力表示考慮在今年離開目前的工作崗位。而在中國，打零工或自由工作者的人數預計從二〇一六年的三千萬人增加到二〇二二年的二億人，占總勞動力的二五%。

面對時代變遷，聰明的韓國人向來比其他國家的人更快做出反應。「極致高效」的韓國人正迅速發展出各自的生存之道，然而在某方面表現傑出，其實也意味著在某方面過度投入，如同一枚硬幣的兩面。韓國社會中每個人的理性選擇，有時也會引發意想不到的副作用。此外，「超合理」、「超自主」、「超個人」所催生的世代特性，也會對人際關係產生負面影響。

介於數位與類比之間

數位（digital）象徵著既快速又準確，與韓國人追求高效率的性格不謀而合。這種明確區分〇和一的特性，也為在複雜的世界求生提供了線索。

但簡單、快速和準確這些特質，並非有益無害。在商務環境中，對話的基本原則雖然是「簡潔扼要」，但如果沒有先噓寒問暖就直接表明自己的目的，或是對話一結束就立即掛斷電話，就會顯得非常粗魯無禮。認為只要合乎邏輯，就可以暢所欲言的思維，也是很危險的。因為無論多符合邏輯和原則，表達方式也會隨著言語一同傳達出去。

在韓國社會中，不知道從什麼時候開始，簡單明確已成為說話的一種美德，例如「只要掌握三個要點，就能成為人生贏家」、「實現財富自由的五大必勝策略」等。但遺憾的是，人生中有太多事物無法被這樣明確地衡量。我們需要可以看待這個複雜世界的簡單視角，但也需要透過現實的觀點，來認清這個複雜世界的本質。

MBTI測驗簡單俐落地將人格特質分為十六種類型，幫助我們用更聰明的方式建立人際關係。然而，人類是一種複雜微妙的生物，並不只有十六種類型。而且，同一個人可能兼具多種性格，就連寫下本書的我，每天也都會在INFP和ENFP之間切換好幾次。

社會朝向數位化發展的這項轉變，正引導我們走向渴望得到「即時回饋」的生活。我們之所以繼續以短視近利的方式看待世界，並非出於自身意願，而是因為現今社會正將我們帶到這個方向。對我們來說，最佳解方應該不是數位或類比（analogue）任何一個極端，而是介於兩者之間。我們需要堅持有原則的「數位式思維」，但有時也需要根據當下狀況，靈活發揮「類比式思維」。

付出真心地工作

影音頻道「fol:in」製作的紀錄片《用工作開疆闢土的人們》（暫譯，일이 길이 된 사람들）中，介紹了幾則藉由工作開闢新道路的故事。受訪者們不約而同地表示自己「真心對待工作」。我不常使用「真心」、「真誠」這種定義模糊的字眼，但是在一天當中，的確有很多瞬間我們能感受到他人的真誠。

有所成就的人不懂如何適度妥協，若用數字來比喻，他們都是把工作做到「一」才會善罷甘休的人。很多人覺得做到「〇．九」就算完成，但「〇．九」終究不等於「一」。如果只有達到「一」才算完成，成功的人就會為了達到「一」而不斷鞭策自己。

我們傾向將工作視為「向公司提供勞務以獲得報酬」的行為，抱持「拿多少錢做多少事」的想法，希望透過最少的努力獲取最大的成效。但是更廣義地說，工作也包含職業以外各種「有意圖的活動」。與某人交際應酬、鍛鍊體能、休閒娛樂等日常生活，也可以成為工作的一部分。如果在工作中不努力達到「一」的境界，那麼在日常生活中也很難做到「一」。

工作最終會將世界與個人相互連結。也許人生就是一連串的工作與任務。我們一生中註定會犯下無數錯誤，其中也伴隨著痛苦。正如作家李東秀（이동수）的書名所說：「總有一天我們會被解僱，公司會倒閉，我們會死！」（언젠간 잘리고，회사는 망하고，우리는 죽는다）但是，在公司裡接受的考驗也將成為保護我們的銅牆鐵壁。其實這是我個人的故事，我想再次向過去和我一起經歷無數磨難與喜悅的所有同事表達感謝。

從今天起，我們的職場將會出現二〇〇〇年後出生的同事。雖然不知道會和他們共事多久，但我希望各位至少要讓他們知道，公司是最容易犯錯的地方。雖然來公司上班是為了賺錢，但我希望各位能讓他們認知到，光憑自己是無法完成任務的。要讓他們相信，公司不是一個剝削人的地方。如此一來，他們就會成為優秀的同事。

林洪澤，二〇二三年十一月*

---

* 相關新聞報導、論文和書籍等參考資料來源標示於書末。文中以真實姓名出現的人物，均已事先徵求本人同意。

第一篇

二〇〇〇年後出生的Z世代來了

第一章

當二〇〇〇年後出生的人踏入社會和職場

職場上開始出現二〇〇〇年後出生的新人

一九八五年出生的ＩＴ新創公司執行長姜成勳（강성훈）準備申請政府的招募補助，於是要求實習生將身分證號碼登記在 Excel 表單裡寄給他。隨後，他在檔案裡看到很多以〇〇開頭的身分證號碼*，還以為是系統或資料輸入出了問題。他在大企業和新創公司工作十幾年，曾與無數人共事，但這是他第一次在職場上遇到二〇〇〇年後出生的人。

韓國地方教育廳長金東旭（김동욱）也表示，在蒐集學校老師的資訊時，有一份資料上的出生日期顯示為「四〇五」，當時他也以為是 Excel 的問題。不過之所以會出現這種狀況，是因為如果把「二〇〇〇年四月五日」以「〇〇〇四〇五」的形式輸入進

Excel，會因為第一個數字「〇」無法被辨識而顯示為「四〇五」。

其實早在二〇一九年，二〇〇〇年出生的人就已經成年並開始進入社會。根據韓國教育部二〇一九年的〈教育統計年度報告〉，畢業生的就業率為六・五%。韓國教育發展院二〇二二年八月的〈教育統計分析數據手冊〉則顯示，二〇一九年高中畢業生的升學率為七〇・四%，這表示有七成左右的學生在畢業後進入了大學。這群學生於二〇二三年從大學畢業，隨後陸續敲響企業的大門，而這也是二〇〇〇年後出生的人們開始正式進入企業界的時期。

當一九九〇年出生的老鳥遇上二〇〇〇年出生的菜鳥

金英美（김영미）出生於一九九〇年，在首爾一家跨國公司擔任市場研究組長。雖然她屬於所謂的「MZ世代」**，但她的生活卻與MZ世代所謂「想說什麼，就說什

---

* 編註：在韓國，二〇〇〇年出生的人身分證號碼以〇〇開頭。

** 編註：韓國流行語，為千禧世代（Millennial Generation）與Z世代的統稱。

麼」的特質相去甚遠。她心裡當然也想拒絕不必要的應酬、不用看人臉色就準時下班，也想自信地站出來反抗不公。但現實中，她還是必須看老闆的臉色加班、繼續參加她無權發言的冗長會議，也盡可能恪守職場前輩教她的職場生存法則。然而，這並不代表她不理解Ｚ世代為自身權利發聲的言行。雖然她自己沒辦法這樣做，但原則上她不認為Ｚ世代的行為有什麼不對。她認為在規定的工作時間之外加班，卻得不到相應的報酬，這種事並不公平。即使準時完成工作，人們還是習慣留下來看老闆還有什麼任務要交辦，或者只是裝忙，而這似乎是老舊的惡習。最近，她在工作上遇到了一件事：「那天主任交辦了緊急任務，要求我們報告每週的研究狀況，因此隔天就必須交出四頁簡報。於是我請負責這項研究工作的新人明天中午以前交報告。雖然這是額外的工作，但我認為這是他該做的事。但他卻跟我說：『組長，既然有四頁，不如你做二頁，我和隔壁同事各做一頁。既然是緊急任務，我覺得如果我們按照薪資比例分配工作，應該很快就能處理好。』」

一九九二年出生的金英鉉（김영현）在首都圈一家ＩＴ新創公司擔任人資部主管。

他剛接任這份工作時，下定決心不要變成「年輕老頭」*。所以，當他與部門成員溝通時，都盡量避免單方面談論自己的經驗。而在管理方面，他也盡可能考慮對方的立場。這種想法不曾改變，直到二〇二二年發生了一件事。

二〇〇〇年生的 A 某是剛加入人資部門的新人，他下班後都會去進修，所以總是無法參加公司聚餐。金英鉉不曾為此對他擺臉色，他認為下班後本來就不算工作時間，如果因為 A 某不參加聚餐而指責他，那自己豈不是成了「年輕老頭」。

然而公司聚餐後的隔天，A 某悄悄來到金英鉉的位子，對他說：「雖然我不能參加聚餐，但我希望您可以給我應得的那部分餐費。我知道聚餐費用是公司依照人數比例分配的，如果因為我無法參加聚餐就用掉分配給我的金額，我覺得不公平。就像現在的婚禮，雖然有些人基於個人因素會提早離席，因此喝不到喜酒，但新人還是會準備回禮。既然有包禮金就有權利獲得餐券或禮物，我認為我也有權利獲得應得的那份餐費。」

* 譯註：指年紀輕輕卻經常以提出建議的方式命令別人的人。

一九九〇年代出生的人們，大多是在二〇一〇年代踏入職場。他們如今大多已經出任公司的中階管理層，也累積了一定的職場與社會經驗。對他們來說，二〇二〇年代的新人與他們是截然不同的世代，因此會產生類似情境喜劇《MZ辦公室》（MZ 오피스）中常見的那種衝突。

《MZ辦公室》在串流平台Coupang Play的綜藝節目《SNL Korea》（SNL 코리아）第三季中首播，主要講述廣告公司內部的世代衝突，劇情大致分為兩部分。其一，是部門中的年輕世代與老一輩領導者之間的衝突，也就是我們比較熟悉且經常聽到的傳統衝突情境。其二，則是MZ世代的年輕員工彼此之間的衝突。

例如，最年輕的員工在公司聚餐時只顧著吃肉而沒有幫忙烤肉，反映的就是年輕世代與老一輩之間的衝突。老一輩認為年輕世代「沒禮貌、不懂得敬老尊賢」並不是什麼新聞，不過，當職場上出現會在上班時間拍影片的新人，或許就是個新鮮的題材了。

然而，當昨日的新人成為今日的資深老鳥，再遇上新進菜鳥時，新一輪衝突也隨之而來。《MZ辦公室》中的角色朱玄英（주현영），在成為職場老鳥後發現進公司不過

一年的新人金雅英（김아영）在辦公室戴著無線耳機工作，於是她不客氣地出聲警告。沒想到金雅英卻告訴她，戴著耳機工作可以提升效率。雖然兩人只差二歲，但朱玄英就此將金雅英視為眼中釘。

不過金雅英也很快就學到了教訓。《SNL Korea》第四季時，該情境劇新登場的角色尹佳伊（윤가이）是個比金雅英更菜的菜鳥，她總是在上班時間戴著 AirPod Max 耳機。曾經因為戴著無線耳機工作而遭到前輩指責的金雅英，此時自相矛盾地責備尹佳伊戴著 AirPods Max 上班的行徑。尹佳伊隨後反問：「我戴耳機是為了時尚，也沒有在聽歌，這樣不行嗎？」這段劇情恰恰驗證了朱玄英曾對金雅英說過的話：「等妳遇到像妳這樣的菜鳥，妳就知道了。」

不過，我們不該將上述情境單純視為一再發生的衝突並引以為戒。反之，我們應該意識到衝突的性質和情況正在改變。例如在《MZ 辦公室》裡，朱玄英催促金雅英繳交簡報，隨後金雅英又把這項任務交給了尹佳伊。此時尹佳伊毫不客氣地反駁：「我現在沒辦法完成耶。妳昨天下午才跟我說要做，正常來說沒辦法現在就完成。如果妳想要的話我是可以交啦，只是完成度可能不夠好，內容好像也會有點空洞，所以我覺得有困難。前輩應該一開始就告訴我期限才對。」金雅英只好放棄，告訴朱玄英明天才能給她簡報。

看到上述劇情，觀眾可能會認為朱玄英和金雅英是遭到「晚輩的報應」，但若單純以這個角度來解析，似乎有些過於空泛。重點在於，之所以會出現這類情境與言行，其背後有著特定的模式和邏輯。因此，若要解決如今面臨的問題，首先就要釐清導致這些言行的來龍去脈。

「已知的未來」與「未知的未來」

在EBS電視台的紀錄片《人口大計畫：超低生育率》（暫譯，인구대기획 초저출생）中，當加州大學（University of California）法學院名譽教授喬安妮·威廉姆斯（Joanne Williams）聽說韓國二〇二二年的生育率為〇·七八時，她驚訝地發出了「韓國這下完蛋了！」的感嘆。

雖然目前還不能確定韓國是否真的已經毀了，但我能理解她的訝異。因為韓國的總生育率確實創下了世界新低，如果生育率持續下降，那麼「韓國將會消失」的觀點將更有憑有據。隨著少子化和高齡化的問題日益嚴峻，韓國自立國以來，首次在二〇二〇年出現了死亡人數超過出生人數的「死亡交叉」。韓國統計廳原本預測韓國總人口數將在二〇二九年開始下降，但實際上，這個時間點比預計早了大約十年。

有關人口斷崖的報導往往與當前的嬰幼兒人口數息息相關。由於韓國生育率極低，全國各地的兒科及婦產科診所紛紛關閉，寵物旅館正逐漸取代托育機構。奶粉和尿布等嬰幼兒相關產業陷入低迷，公共教育領域也受到衝擊，例如二〇二三年，位於首爾市中心的一所小學正面臨廢校問題*。

當我們看到這些新聞時，會以為低生育率是近幾年才有的問題。但是早在二〇〇二年，韓國的生育率就已經低於一．三，進入超低生育水準國家之列。超低生育率不僅影

* 根據教育發展研究院（Korean Educational Development Institute）〈二〇二三年至二〇二九年小學、國中、高中學生人數推算結果〉，二〇二三年小學一年級生人數跌破四十萬人，共計三十七萬九千三百七十三人。首爾地區的小學新生人數降至六萬六千三百二十四人，為史上首次跌破七萬人的紀錄。

圖表一　2000年前韓國每十年的出生人口總數及增減情形

年代	1970年	1980年	1990年	2000年
出生人口總數（人）	8,987,639	7,210,366	6,870,604	4,966,957
與前期相比的出生人口總數（人）		-1,771,273	-339,762	-1,903,647
增減率（%）		-19.7	-4.7	-27.7

響與嬰幼兒相關的產業，也會衝擊與成年人有關的產業。

還有一點值得注意，那就是生育率並非一直急遽下降，也有緩慢下降的時期。

韓國從一九七〇年開始將每年出生人數與生育率分開統計，以每十年為一個間隔，整理成圖表一的結果。從圖表一來看，韓國從一九七〇年到二〇〇〇年共經歷了二次人口動盪。

第一次發生在一九八〇年代，當時出生人口總數與前期相比減少約一九．七％。這是因為從一九六〇年代開始的三十年間，韓國政府持續宣導降低生育率的運動。一九六〇年代開始，是呼籲民眾「三十五歲之前，只生三個孩子，每個孩子的年齡差距小於三歲」的「三—三—三五運動」；一九七〇年代開始推動「男孩女孩一樣好，只生二個孩子，好好養育」的政策；到了一九八〇年代，則轉變為「只生一個孩子、活得更年輕，在小土地上過得更寬闊」的運動。這些政策直到三十多年後的一九九六年才正式告終，而一如政府的目標，韓國的生育率在一九八三年降至二・一以下，正式進入低生育率社會*。

第二次動盪發生在一九九〇年代到二〇〇〇年代的過渡期。二〇〇〇年代的出生人數減少了一百九十萬人，比一九七〇年代至一九八〇年代間所減少的一百七十七萬人還要多。相較於一九九〇年代，人口數的下降幅度高達二七・七%，非常接近三〇%。

第二次動盪與第一次不同，因為它並非國家政策所導致，而是完全取決於父母的個人選擇。自二〇〇五年以來，政府政策轉向，喊出「只生一個很孤獨」的口號來鼓勵生育。從人口統計來看，一九九〇年代的出生人數和一九八〇年代相比，並沒有太大的差異。

* 一九六一年朴正熙（박정희）總統任內開始實施計畫生育政策，最後演變成了節育政策。政府鼓勵男性在預備役受訓期間接受結紮手術，甚至以免除剩餘兵役為結紮的獎勵。同時政府也宣布，已結紮者可獲得優先購買社會住宅和住房補貼的權利，一個名為「家庭主婦協會」的組織甚至發起了一場「一九七四年是無懷孕年」的運動。

當然，這兩個時期的出生人數都遠低於一九六〇年代和一九七〇年代。從每十年的生育率來看，一九九〇年代的出生人數與一九八〇年代相比，僅僅降低了四．七%。因此，低生育率並不是這兩個時期之間的差異，而是共同點。

比趨勢更重要的，是實際數字。近二十年來，每年都有超過六十萬名成年勞工源源不絕地湧入韓國社會。自一九八四年以來的最高紀錄是七十三萬人（一九九二年生），最低紀錄則是六十三萬人（一九九九年生），大多落在六十幾萬到七十幾萬人之間。然而，從二〇〇二年出生的人成年並進入勞動市場開始，這個數字就跌破了五十萬人。

其中首當其衝的就是大學。有一句話說「當櫻花盛開時，大學就會倒閉」，這如今已經沒有太大的意義。除了首爾地區部分大學外，其他大學都面臨廢校危機。在二〇二三年的常態招生中，有十四所大學共二十六個科系報考人數為〇，而業界認為這只不過是個開始。考慮到這一年的考試人數，有傳言說某些大學在二〇二四年可能就會招不到新生。此外由於結婚率下降，原本各地市中心常見的婚宴會館，有許多都轉型成養老機構。營業中的婚宴會館前景也不樂觀，因為無論結婚率如何，結婚人數都在減少。

在這種情況下，企業紛紛表示「缺工」。如果二〇二五年後就業人口正式來到四十萬人，韓國企業可能很難招募到本國人。這並非突如其來的改變，而是幾十年前就已經可以預期的「已知的未來」。但當前真正的問題是，除了已知的未來外，還有一個誰也無法預料的「未知的未來」。

來看看兵力問題。二〇一八年，韓國總共有六十萬名軍人，但到了二〇二二年，只剩下五十萬。在這五年間，江原道、京畿道北部等前線地區共有一個軍團及六個師團遭到裁撤，或與其他部隊整併、重組。二〇二二年，陸軍第二十七步兵師在成立六十九年後，消失在歷史之中。受到二〇〇二年以來超低生育率的衝擊，國防部自二〇二一年二月開始加強了補充役認定標準*，以提高兵役體檢中合格可服役的役男比例，但這仍不足以解決兵力短缺問題。

這個兵力短缺的現象，某種程度上也是可預期的結果。如今年滿二十歲、符合入伍

* 編註：韓國的「補充役」概念類似台灣的替代役。

標準的男性人口趨勢，早在二十年前他們出生時就已經確定。只是當時政府未能為未來擬定因應之策。問題在於，在一支由大量士兵和基層軍官組成的軍隊中，就連基層軍官的申請率也直線下降。這就是意想不到的「未知的未來」。

韓國三軍預期在二〇二二年招募一萬一千一百〇七名士官，然而實際招募人數僅有九千二百一十一人。同年，在基層軍官中占比超過七〇%的大學儲備軍官訓練團（Reserve Officers' Training Corps，ROTC），申請率也急遽下降，從二〇一六年的三．九五倍降為二．三九倍（三千五百一十一個名額、八千四百〇五人申請），幾乎減少了一半。由於許多大學甚至未能招滿配額，多數師範學院已經取消了ROTC課程。

士官和ROTC等基層軍官的招募率下降，顯示軍人一職已不再具吸引力。若考慮到高失業率，穩定的軍隊公職理論上應該會更受歡迎。不過，截至二〇二二年，中士的月薪不到二百萬韓元*，與士兵的薪資差距正在縮小。能否長期服役也具有變動性，軍隊文化的刻板僵化也是前景不樂觀的原因。這也是與生育率無關的未知未來。韓國軍方在〈二〇二三至二〇二七年國防中期計畫〉中宣稱，為了在二〇二七年將軍隊規模維持在五十萬人，會將士官的錄用年齡上限從二十七歲提高到二十九歲。許多人認為這與現實完全不符，是一個永遠無法實現的計畫。

根據韓國統計廳對未來人口的估算，二〇二〇年二十歲以上的男性人口約有三十三萬，到了二〇二五年將減少為二十三萬，而到二〇四五年則將驟減至十二萬。隨著預期的兵力資源急遽減少，韓國或許會考慮改為募兵制。然而如果情況不變，沒有人願意成為職業軍人，又該如何是好？這就是為什麼我們必須為了無法預期的未來做好準備。

沒打算去公司上班的年輕人們

二〇〇三年生的金錫勳（김석훈）就讀首爾某大學工商管理系，當問到他對就業的計畫，他說：「就業？這個嘛……。我的專業是工商管理沒錯，但如果我去一家普通公司上班，我覺得最終會失去自由。我不想過那樣的生活，所以我一心希望去年開始投資

* 編註：一韓元約等於〇．〇二一新台幣。

的股票能夠上漲。」他也說，因為不想像奴隸一樣生活、永遠按照別人的吩咐做事，所以他永遠不想體驗公司生活。

二〇〇四年生的朴小龍（박샬롬），於二〇二三年進入釜山某大學動畫系，他在訪談中多次提到想要變得富有：「我希望可以趕快中個樂透什麼的，這樣就可以待在家玩樂一輩子。當然，如果不行的話，我應該會去動畫公司之類的地方工作，但我只打算花幾年時間學習，然後開創自己的事業。」他說雖然自己還沒開始投資股票或外幣，但每週固定會買樂透。他想依靠熱愛的繪畫專長謀生，但並不打算靠公司給的薪水致富。

韓國雖然在一九九七年就邁入已開發國家之列，但亞洲金融風暴帶來了翻天覆地的變化。此時擁有一份穩定的工作已是遙不可及的夢想，因此一九八〇年後出生的二十幾歲年輕人，在工作無法保障終身穩定的環境中為了求職而不斷自我進修。

二〇〇〇年初，也就是我二十幾歲的時候，同樣身處競爭激烈的環境。雖然我不認為自己一定能在一間公司做到退休，但起碼有信心能穩定工作個十年。然而，不同於國際貨幣基金組織（International Monetary Fund，IMF）一九九七年的援助計畫，二〇〇八年襲捲全球的金融危機創下了新的里程碑，讓擬定中長期就業計畫變得困難許多。即使在國際貨幣基金組織一九九七年嚴苛的管理制度下，企業也沒有把新進員工視為淘汰目標。但到了二〇〇〇年代後期，新趨勢卻是毫不猶豫地裁掉新進員工，即使是以「人才就是未來」為願景的企業也不例外。

而這就是公職熱潮在二〇一〇年代達到高峰的主因。即使到了二〇一〇年代後期，公職受歡迎的程度仍絲毫不減。二〇一七年，我一位二十出頭的朋友跟我說，如果早上經過鷺梁津，會看到兩條排隊人龍。其中一條是去公職補習班上課的隊伍，另一條則是去報名公職補習班的隊伍。

出生於一九八〇、一九九〇和二〇〇〇年代的人，各自的成長經歷和遭遇的事件都不一樣，因此他們的特質也各不相同（圖表二）。然而，出生於一九八〇年代和一九九〇年代的人，在生存策略上有一個共同點，那就是無論是公家機關還是私人企業，你都必須進到組織工作。即使個人嘗試靠自己謀生，大多數人終究還是會選擇進入公司或政府機構。

圖表二　各世代的主要特質

出生年代	1980年代	1990年代	2000年代
成長過程中帶來重大影響的事件	1997 年亞洲金融風暴	2008 年全球金融危機	2010 年後半資產暴增
進入社會的年代	2000 年代	2010 年代	2020 年代
對工作的看法	最晚四十五歲退休	不知何時會被裁員，因此盡量找不會被裁員的工作	和公司之間的關係如同按月訂閱影音串流平台
關鍵特徵	熱衷於自我進修以提高競爭力	轉向穩定的職場，例如公職	進入公司是為了實現辭職的夢想

這就是為什麼雖然這兩代人面臨世界的快速變動，還是經歷著類似的生命週期。因此，即使他們可能會出現內部衝突和分歧，還是可以找出解決方案。然而，到了二〇二〇年代，當二〇〇〇年後出生的人們成為二十幾歲的成年人，他們打破了主動踏入職場的框架。工作已不再是千禧世代的主要選擇，他們的目標不是「找到工作」，而是「辭職」。

說到這裡，可能有人會問：「哪有人是因為想上班而去上班？」「每個人都在心裡盤算著要辭職。」「從別人口袋裡掏錢出來哪有那麼容易？」這些話都沒錯。但對於現在的年輕人來說，職場生活的選擇與以前不同。原因很簡單，在如今的時代，「如果繼續工作，就無法實現目標」。別說透過公司發的薪水致富了，甚至連一棟像樣的房子都買不起。

這話並不是空穴來風，讀者可以透過房價所得比（price-to-income ratio，PIR）來了解實際的購屋情形，該指標可用於衡量購屋的難度。PIR指數是房價除以家庭年收入，用於衡量房價與家庭年收入之間的比例關係。簡單來說，如果PIR指數為五，那麼房價就是年收入的五倍。根據韓國國土交通部的〈住宅狀況調查〉，二〇〇六年全國的PIR指數為四．二，二〇二一年上升至六．七。而在首都圈，二〇〇六年的PIR指數為五．七，到了二〇二一年則飆升至一〇．一。

一般而言，當PIR指數低於或等於三，被視為買得起房；當PIR指數等於或高於五．一，則代表買不起房。由此可知，綜觀韓國全國，從二〇〇六年開始購屋就變得很困難，到了二〇二〇年更是來到幾乎不可能買得起的程度。根據KB房地產資料中心的數據，首爾地區的PIR指數在二〇二二年飆升至一四．二*。

* KB房地產抵押貸款的PIR是根據KB國民銀行的實際貸款交易資訊所編製的指數，可能與韓國政府公布的數據有所不同。

這些房價變化主要集中於二〇一〇年代後期，然而資產價格飆漲並不只發生在房地產領域。比特幣（Bitcoin）和其他虛擬資產在二〇一七年和二〇二一年兩度掀起熱潮，股市也經歷了前所未有的繁榮，韓國綜合股價指數（Korea Composite Stock Price Index，KOSPI）在二〇二〇年三月初因新冠疫情短暫暴跌後，於二〇二一年突破三千點。對二〇〇〇年代出生的人來說，在成長期經歷資產暴漲，讓他們從根本上重新思考勞動所得的價值。

這並不代表勞動所得對當今世代而言不再重要。對他們來說，能否獲得「高薪」是求職的重要因素之一。根據韓國產業研究院公布的〈千禧世代首都圈流動人口職業價值觀變化與特徵〉報告，二〇〇八年時千禧世代最看重的職業價值觀是「個人發展潛力」；但到了二〇一九年，此時一九九七年後出生的Z世代已成為主要群體，「勞動所得」就成了第一考量。

即使勞動所得是求職的重要因素之一，也不代表人們願意長期待在職場。根據調查，「個人發展潛力」指的是職涯發展性。相較於二〇〇八年，Z世代對於個人發展潛力價值觀的偏好度下降，表示對於在職場中持續發展職涯的期待也下降。據說二〇二二年後，當股票、虛擬貨幣和房地產等資產價格處於調整期時，每個月的薪資就稱為「韓元挖礦」*。然而，這種現象大多是相對且短暫的。因為從結構上來看，公司每月發放的薪資在可持續性方面必然受限。

這種工作觀念的轉變還有一個更根本的原因，那就是現代勞工的職涯時長整體而言已無法符合百歲人生時代的趨勢。在二十世紀，屆齡六十歲退休已經相當固定且普遍，人們退休後人生剩餘的空白期並不長。然而，自亞洲金融風暴後的二十一世紀以來，韓國勞工的職業生涯逐漸縮短，伴隨著百歲人生時代到來，退休後的空白期只會越來越長。

為了適應這些生命週期的變化，國家和企業可能會提高退休年齡。然而根據過往的資料，如此調整似乎很難符合新一代的期待。韓國於二〇一六年和二〇一七年逐步將強制退休年齡從五十五歲提高到六十歲，然而實際上，主要職業的平均退休年齡卻下降。

* 譯註：指努力工作靠薪水存下第一桶金。

根據二〇一一年韓國統計廳公布的〈老年經濟活動人口調查〉，主要職業的平均就業年資為十九年九個月；而到了十年後的二〇二一年，這個數字縮短為十五年二個月*。

此外，人們對全職工作者必須繳納的國民年金，認知早已從「強而有力的退休保障」變成了「無法退還的強制繳納」。根據韓國經濟研究院和國會預算政策處的數據，二〇二〇年國民年金基金約有七百四十兆韓元（二〇二三年約為九百兆韓元），而到了二〇五〇年，預計將降為四一六．四兆韓元，並在二〇五五年耗盡。據此，一九九〇年出生的人到了有資格領取國民年金的二〇五五年（從二〇三三年開始發給滿六十五歲者），恐怕會領不到年金。

人們拚死拚活工作想要買房，但是房價上漲速度更快。人們沒有體力工作直到百歲，而如今每個月強制繳納的年金，到了真正退休時也可能一毛錢都拿不到。這就是Z世代目前所面臨的職業生涯，既殘酷又現實。在這種情況下，一如過往只靠上班來追求夢想，真的是合理的選擇嗎？即使這不是最好的選擇，無論何時仍會有許多人為了生計而敲響企業的大門。不過可以確定，如今的生存方式和過去已經出現了根本上的不同。

領固定月薪的上班族

有段時間，社群媒體上流傳著一篇名為〈韓國三大瞎話〉的貼文。第一句是「因為愛你所以分手」，第二句是「金錢買不到幸福」，最後一句則是主管到公司時向員工說的「早安」。為何早晨的問候會被視為胡扯的瞎話？因為——「要上班的早上到底好在哪裡？」

二〇一〇年代初期，我在公司上班時，有位高階主管每天早上到公司都會朝氣蓬勃地道早安。他似乎真心認為這是個美好的早晨。包括我在內，大多數員工對這句問候都難以苟同，當然也不至於反感。但是到了二〇二〇年代，已經很難找到能夠大聲互道早安的職場。

現今我們的社會，職場不只是單純的工作空間。對某些人來說，職場是成就感的來

* 二〇一一年韓國統計廳的調查對象是五十五歲至七十九歲有工作經驗者，二〇二一年的調查對象則是五十五歲至六十四歲有工作經驗者。

源，也是自我實現的地方。在職場上甚至會遇到像家人一樣的同事，工作已成為生活的一部分，無法輕易切割。但是對許多二〇二〇年後才開始工作的人來說，職場並沒有那麼複雜。不少〇〇年後出生的年輕人不打算在職場大展身手，對實現自我不感興趣，和同事相處也不像家人那般親密。對他們來說，職場的定義僅止於字面意思，也就是「在一定時間內付出勞務後獲得相應報酬的地方」，多一點或少一點，都不是他們心目中的職場。

在這樣的定義下，「好職場」的條件也變得相當簡單。由於職場是在一定時間內付出勞務後獲得報酬的地方，薪資優渥的工作場所就成為「好職場」。因為這筆錢與工時息息相關，我們可以得出好職場的兩種公式：一是「相同工時，更多報酬」，二是「相同報酬，更短工時」。這就是為什麼〇〇後常說「錢多事少」，但這種話難免會觸動老一輩的敏感神經，有位政界人士甚至在電視節目中斬釘截鐵地表示這是「小偷心態」。但Z世代之所以會認同「錢多事少」，純粹只是基於再簡單不過的公式。

換句話說，能夠高效致富的工作依然很受歡迎，如果還能保障穩定做到退休，更是錦上添花。只不過，像這樣的「好職場」已不像過去那般讓人趨之若鶩。因為無論職場再好，所有在裡面工作的人終究只是「奴隸」罷了。

二〇一三年，MBC人氣綜藝節目《無限挑戰》（무한도전）中，藝人盧弘喆（노홍철）在街頭訪問路過的民眾，問他們從事什麼工作。有一位男士說自己是上班族，盧弘喆接著詢問：「什麼是上班族？從階級上來說，是平民還是貴族呢？」受訪民眾隨即簡短地回答：「是奴隸。」

過去人們常說，既然要當奴隸，就要當大企業或政府的奴隸*。然而現在，人們更強烈地認知到，這些同樣都是奴隸。因為從百歲人生的角度來看，再好的職場也只不過是暫時停留的地方。即使是正職，嚴格來說也只是停留時間較長的臨時員工。

再也沒有所謂「實現夢想」的職場，也沒有一個工作場所能讓人感受到強烈的歸屬感。對二〇〇〇年後出生的世代來說，職場可能只是個交易的場所，一個他們暫時出借

---

* 編註：指進大企業工作或任公職。

勞力後換取報酬的地方。由於並非終身職，每當一筆交易結束，他們都可以轉身離開，重新尋找下一筆交易。

二〇〇一年生的金英秀（김영수）在食品飲料公司擔任樓管，對於工作，她說：「我是領固定月薪的上班族，老闆只是暫時訂閱我而已。」她的這句話有助於我們理解未來個人與企業之間的關係。企業不是半永久性購買人才的買家，而是因為一時需要才按月訂閱一個人的技能，就像是訂閱 Netflix 之類的 OTT 服務。

來自基層的缺工危機

二〇〇三年有一個提神飲料廣告，描述一名即將到小公司任職的年輕人，得意洋洋地向路人宣告「今天是上班的第一天」。路人爽朗地鼓勵他，年輕人的神態也充滿希望。然而二十年後的如今，如果有年輕人滿懷熱情地說自己只想在小公司上班，肯定會有人說：「『好小企業』就別去了。」「好小企業」一詞來自韓國俚語「又鳥又小」，是個經過修飾的貶義詞，用以形容沒有可看性的中小企業。當然，我們不能僅憑一家公

圖表三　在職員工對公司的不滿

不滿的類型	中小企業	好小企業
對待遇不滿	對照大企業或公家機關的待遇後感到憤怒	對照《勞動基準法》後感到憤怒
「沒有制度」	交辦任務僅憑口頭傳達，沒有書面紀錄	遇到問題不知道應該問誰
「沒有福利」	公司僅提供完成任務所需的資源	員工動用自己的資源完成任務
開始新專案時	尋找過往業務的歷史軌跡	自己開闢新歷史
出現麻煩的任務時	將燙手山芋轉移到相關部門	沒有可以處理燙手山芋的地方

司的規模就貶低它，現實中也不會真的有人這樣稱呼一家公司。網路上所謂的「好小企業」，通常是指「把對員工的不當對待視為理所當然」的公司。

〇〇後的年輕人不願意在中小企業工作有很多原因，其中很大一部分是受到老一輩經驗的影響。對中小企業的這類負面看法，或許並非全然是誇大。網路上已有許多網友的親身經歷，且案例不斷增加、累積（圖表三）。

網路劇《好小企業物語》（暫譯，좋좋소）是個具代表性的例子。這部劇描述待業中的二十九歲青年趙忠範（조충범），在進入一家員工僅有五人的小型貿易公司後發生的事。劇情著

重於呈現任職於小型企業可能遭受的不當對待，沒有任何感人的情節。許多觀眾在留言區留下了感同身受的評論，像是「看這部劇應該會出現ＰＴＳＤ（創傷後壓力症候群）」、「這不是一部劇，而是超寫實紀錄片」。

當我談到社會上出現了不想上班的世代，有些人不願或無法相信，我想他們很有可能正身處所謂的「好職場」。事實上，無論是現在或未來，舉凡高專業性職業、大型企業、公家機關和中堅企業等職場，都不太可能人力短缺。因為它們依然受歡迎，但「好工作」的數量卻持續減少。

許多人沒有意識到，韓國企業規模仍以中小型為主。在談論韓國企業現況時，經常會提到「九九八三」這組數字。意思是韓國有九九％的企業是中小企業，而整體就業人口中，有八三％任職於中小企業。規模越小、越遠離首都圈的企業，缺工問題就越嚴重。根據韓國產業技術振興院（ＫＩＡＴ）二〇二二年發布的〈產業技術人力供需實況調查〉，大型企業的人力短缺率僅〇・四％，而員工人數介於十至二十九人的中小企業，人力短缺率則有三・九％，相差超過十倍。韓國ＩＢＫ企業銀行針對二〇二三年製造業中的中小企業進行勞動力短缺現況調查，發現有六五%企業勞動力不足，非首都圈的企業中更有七〇%正受到勞動力短缺的困擾。

有位任職於非首都圈中小企業的執行長表示，近幾年公司幾乎找不到願意來中小企業工作的年輕人，別無選擇之下甚至需要請退休員工回來上班。此外，也很難招募到韓國本國員工，尤其生產線上的工作，如今有超過九〇%的勞動力是外國人。

如果二十幾歲的年輕人不願意到在韓國企業中占據大多數的中小企業上班，那麼他們到底在哪裡工作？難道只想在家休息嗎？

令人驚訝的是，沒錯，許多二十幾歲的年輕人就這樣在家休息。根據韓國統計廳國家統計入口網站的資料，截至二〇二三年六月，「沒有工作也並未求職」的二十幾歲人口共有三十五萬七千人，比前一年多出了三萬六千人。此外，在「沒有工作也並未求職」的整體人口中，只有二十幾歲這個區間呈現增加的趨勢[1]。針對有工作意願的二十幾歲待業人口進行調查，詢問他們最近沒有找工作的原因時，有十七萬三千人表示「好像沒有符合期望薪資或工作條件的職缺」，這也是最多人給出的答案[2]。歸根究柢，這個現象可以解讀為，如果職場環境不夠好，年輕人也不會降低期待、轉而敲開中小企業的大門，而是乾脆擱置工作的念頭，按兵不動。

平心而論，所謂「好職場」之所以消失，其實是因為企業優先謀求各自的利益。二〇二三年人才招募市場最大的改變，是業界對有經驗者的偏好提升。根據韓國經營者聯合會（Korea Employers Federation）的〈二〇二三年新進職員招募狀況調查〉，全國五百家員工規模超過百人的企業中，有六七．四％表示只採用滾動式招募機制。過去每年針對應屆畢業生公開舉行大規模招募的十大企業中，有超過一半取消公開招募活動[3]。

到目前為止，日本和韓國每年都透過企業的大規模公開招募來吸引大量湧入社會的人才，形成了一種良性循環。企業這麼做，一方面能定期搶先招募優秀的大學畢業生，另一方面也提供了優質的就業機會。如果單純考慮聘僱效率，對企業來說，採用滾動式招募機制，在人力短缺時再刊登徵人啟事確實比較有利。

二〇一九年，在大型企業中居於領頭羊地位的現代汽車集團首次宣布採取滾動式招募。LG集團和KT集團隨後跟進，連財經界排名第二的SK集團也於二〇二二年宣布進行滾動式招募。於是，「大學畢業生公開招募」的社會共識與默契開始動搖。

此外，文在寅（문재인）政府時期曾持續推動增加公共機構就業機會的政策，以因應青年失業問題。然而尹錫悅（윤석열）政府執政後便開始減少這類政策，導致民間企業與公部門的好工作同時消失。在二〇一〇年代曾是九〇後唯一希望的公職職缺，如今也因薪資相對較低等因素而失去了「好職場」的吸引力。

然而，從這些二十幾歲年輕人的經濟活動狀況來看，也不能將他們與過去所謂的「尼特族」（Not in Education, Employment or Training，NEET）相提並論。「尼特族」在完成義務教育後不會繼續升學或就業，也不參加就業訓練。但如今在家休息的二十幾歲年輕人，與其說他們完全放棄求職的念頭，不如說是無限延長了暫時性的待業期。

有些批評聲浪認為，在家休息的二十幾歲年輕人之中，每十個就有七個（七五．四％）是「新袋鼠族」，也就是不選擇獨立、繼續與父母同住。不過他們並不是單純躲在父母的庇護之下，也不像日本的「繭居族」那樣徹底斷絕與外界的聯繫、將自己封閉在家裡。他們會分擔家務，也會持續從事短期經濟活動。因此，也有另一種聲音提出呼籲，認為應該委婉地稱呼這些在家休息的人為「居家保全」。

中國也有類似的情況，稱為「全職兒女」。他們會留在家裡，代替上班的父母做飯、打掃、打點家務。這並非「做家事換取零用錢」的概念，而是一種固定向父母支領月薪的模式。擔任化妝品集團Carver Korea（聯合利華旗下子公司）部門經理的趙心悅，是一九九〇年後出生的中國人，曾在韓國和中國工作。他斬釘截鐵地表示，這樣的情況只可能發生在中國的部分城市。在中國，中產階級以上的家庭若有充裕的退休金，大多會僱用管家。在這種情況下，如果他們的子女面臨高失業率和低薪困擾，僱用子女為管家並非難事。中國年輕人也認為這何嘗不是一種合理的選擇。

但是韓國不太可能出現這種模式。況且，從高齡層就業人數不斷增加的趨勢來看，這種「年輕一代在家休息、父母繼續從事經濟活動」的模式，短時間內應該會維持。那麼，目前二十幾歲的年輕人這種「休息」狀態，會持續下去嗎？答案是否定的。他們有自己的因應策略，我身邊最常見的一種方式，就是選擇兼職計時的工作。

在小說家李起昊（이기호）的作品《別閉上眼睛》（暫譯，눈감지 마라）中登場的

角色賢秀（현수），起初在一家小型食品公司擔任銷售員。一個月後他決定辭職，回到以前工作過的便利商店打工。之所以如此，是因為銷售員必須承受業績壓力、不規律的外派行程，還必須迎合上司的要求，但他的薪水和在便利商店打工相比，並沒有太大的差別。

出生於一九九七年的金城進（김성진）也有類似的情況。他在一家中小企業開始第一份工作，但沒過多久就辭職了。後來，他白天在咖啡廳工作，週末晚上則在便利商店打工。他說：「即使薪水有二百萬韓元，但公司不遵守每週工時上限五十二個小時的制度，每天都要留下來看上司臉色，我厭倦這種生活。繼續這樣下去，可能連個人時間都會被剝奪，所以做一個月就辭職了。現在的工作雖然賺得少一點，但同事給的壓力比較小，工作起來比較輕鬆。當然，偶爾還是要面對一些態度不佳的客人。」

人們之所以選擇計時兼職而不是中小企業的全職工作，是因為和過去相比兩者的薪資差距已經大幅縮小。二〇二三年最低時薪為九千六百二十韓元，較二〇二二年增加五%，換算成每週工作四十小時制的月薪，為二百〇一萬五百八十韓元（包括週休津貼），年薪則為二千四百一十二萬六千九百六十萬韓元。

那麼中小企業的薪資水準呢？根據求職平台Saramin二〇二二年針對八百九十八家中小企業進行的「新進員工薪資現況」調查，接受調查的企業中，大學應屆畢業生的平均年薪為二千八百八十一萬韓元（稅前基本薪資）。二、三年制專科應屆畢業生的平均年薪為二千七百四十九萬韓元，高中畢業新進員工的平均年薪為二千六百三十四萬韓元。以高中畢業來看，中小企業新進員工與計時兼職人員的薪資差距大約為每月十萬韓元。

計時制的工作並不侷限於便利商店、咖啡廳、餐廳等過去二十幾歲年輕人主要從事的傳統兼職。近年來，有越來越多二十幾歲的年輕人投身配送養樂多或檢查淨水器等工作。根據相關報導，二〇一八年韓國養樂多的二十幾歲員工占二・五%，但在二〇二二年增加至六%。也就是說，大家將更常看到養樂多姐姐，而不是養樂多阿姨。他們選擇這種計時制工作的最大原因，是可以在自己喜歡的時間工作。

使命感已不再是工作的驅動力

二〇一〇年代的韓國進入「熱情pay」時代。所謂「熱情pay」就是用熱情代替薪資。

日本也有「熱情剝削」的說法，都是指在熱情的美名下，不向勞動者支付合理報酬的社會現象。音樂家兼作家金寬志（김간지）在獨立音樂雜誌 *Karlfart Zine*（칼방귀）二〇一二年夏季號發表了〈熱情 pay 計算方法〉一文。根據他的公式，「有熱情」、「有才華」、「有能力」就等於「少給錢」。遵循這套公式，有許多說詞像是：「你本來就畫得很好，免費幫我畫張肖像畫吧」、「反正你很想表演，就免費演出吧」、「你沒有任何經驗，就來我這裡當免費的工程師，順便累積經驗」等。

直到二〇一〇年代中期，「熱情 pay」遍布社會各個角落，事例更是千奇百怪。例如，致力於伸張國民人權的南韓國家人權委員會，到二〇一四年為止都是無償聘用精通英語的菁英實習生。等於說，他們在向國民強調人權意識的同時，變相壓榨實習生。二〇一〇年代是九〇後開始踏入社會的時期，「對抗熱情 pay」就成為這個世代最重要的議題。二〇一〇年代出版的作品中隨處可見對熱情 pay 的抵制。日野瑛太郎的《別扯工作意義，先交出我的加班費！》翻譯成韓文出版後引起社會關注，在韓允亨（한윤형）、金正根（김정근）、崔泰燮（최태섭）合著的《熱情如何變成勞動》（暫譯，열정은 어떻게

노동이 되는가）中，明確指出「為公司工作，只有薪水是當初約定好的報酬」。一份工作之所以成立，有兩個關鍵要素，一是向公司提供的勞務，二是作為報酬的薪水。在這兩個要素都滿足的情況下，有些人或許能從中得到成就感之類的額外收穫[4]。

平心而論，不向合法勞動提供合理報酬的熱情 pay，已不單純是雇主的道德問題，而是違反韓國《憲法》和《勞動基準法》的違法行為。因此，抵制熱情 pay 與其說是「年輕世代挺身帶動組織文化變革」，不如說是「糾正違法行為」。

在二〇一〇年代，與熱情 pay 的抗爭最終取得了一些成果，社會意識開始覺醒，也出現許多相關創作。然而，針對這個問題最為顯著的進展是勞動法令修法，也就是從二〇一八年開始逐步實施的「每週五十二小時工作制」。

最初實施五十二小時工作制的目標，是減少韓國的工作時數。韓國是全球工時最長的國家，隨之而來的副作用不計其數。根據南韓國會預算政策處二〇二三年四月的〈經濟趨勢報告〉，二〇一八年後韓國工作時間年均減少二・二%，但仍高於平均值，在經濟合作暨發展組織（OECD）國家中排名第四[5]。然而，這項政策成功為工作者們建立起過去沒有的新觀念，讓他們知道「加班不是理所當然的事，付出額外的工作時間就應獲得合理的報酬」。根據韓國僱用勞動部統計，二〇一八年拖欠薪資金額達一兆六千四百七十二億韓元，到二〇二二年減少了一八．二%，為一兆三千四百七十二億韓元。二〇一八年受害的工作者人數為三十五萬一千五百三十一人，至二〇二二年減少了三二．四%，降至二十三萬七千五百〇一人[6]。

如果二〇一〇年代是對抗「熱情 pay」，那麼二〇二〇年代就是在對抗一種前所未有的新意識型態，也就是「使命感 pay」。使命感在字典中的定義是「為順利完成任務而肩負的自覺」。它或許與責任感類似，但實際上有更深遠的意義，超越了單純在工作上展現專業或熱情。

更重要的是，使命感始於「清楚知道自己被賦予了什麼任務」。比起單純獲得工作上的報酬，更重視自己在特定工作或職位上所扮演的角色。與使命感直接相關的職業往往與公眾利益有關，像是警察、消防員、軍人、教師和醫生。使命感與高尚情操有必然的關係。如果將「熱情 pay」總結為「帶著熱情工作，收較少的錢」，那麼「使命感

pay」總結來說就是「帶著使命感更加積極地工作」。前者是可能違法的不當要求，但後者並沒有違法的疑慮。

我們也許會要求從事公眾性質工作的人具備使命感，但對於○○後來說，這種使命感pay並不合理。在待遇合理的情況下，如果個人自發地帶著使命感工作當然沒有問題。但通常強調使命感時，也必然伴隨著不合理的待遇。當然，仍有一些人帶著強烈的使命感從事自己的工作。但是，在時代趨勢下這似乎不再合理，要求人們帶著「更積極主動的工作態度」變得難上加難。最先出現這種變化的，是醫療領域。

「眼皮整形，骨復放射」的說法在醫學生和執業醫師當中十分流行，短短幾個字就說明了醫師們心目中最熱門的科別。分別是眼科、皮膚科、整形外科、骨科、復健科和醫學影像暨放射科。這句話反映了醫界當前的趨勢是重視收入和工作與生活平衡，而非競爭或使命感。反之，也有科別是醫界人士不願投身的，例如胸腔外科、一般外科和婦產科等。這些冷門科別大多與病人的生死直接相關，因此被認為需要更強的使命感。

然而，打著使命感的旗幟真的能阻止這股趨勢嗎？恐怕不行。從現實面來說，由於生育率長期低迷，兒童與青少年專科診所正逐年消失，恰好印證了使命感 pay 也無法力挽狂瀾。二〇二三年三月，韓國兒童與青少年專科醫師會舉行了「專科關閉暨公開道歉」說明會，表示在醫療費凍結三十年、醫療訴訟氾濫的如今，光靠「對兒童健康負責」的使命感已經無法堅持下去，因此不得不拆除兒童與青少年科的專科招牌[7]。

這種拒絕使命感 pay 的現象，也出現在教育領域。在濟州島投身教育十五年的資深教師金俊植（김준식）坦言：「我認為，靠使命感維持教職的時代已經結束了。」他表示，近兩、三年來，教學氛圍發生明顯的改變。如今面對擾亂課堂秩序的學生，教師們無法確實進行引導。曾有老師因為管教學生而被以虐待兒童的名義調查，最終還被家長提告。所以現在即使問題出在學生，也只好不予處罰。

公務員也是一樣。中央和地方政府的災害應變部門對人民的生命和安全負有最重要的責任，但諷刺的是，肩負這般重大使命的部門卻是新進公務員「最不想去」的單位。理由很簡單，因為這裡沒有權限，只有無盡的責任。不幸被分配到災害應變部門的人，從到職的那一刻起就會繃緊神經想方設法逃出去。如果難以脫身，有些人別無選擇，只好申請休假。而空出來的職缺，又將由新人補上，於是不斷重複著這樣的惡性循環[8]。

沒有靈魂的世界

二〇二三年夏天，首爾新林站在大白天發生了一起「無差別殺人事件」；不久後，盆唐西賢站一名男子駕車衝向人行道撞倒行人，並持凶器傷害路人。此後，韓國各地不斷出現殺人預告，民眾的不安達到巔峰。

警察廳長尹熙根（윤희근）將隨機持械的暴力犯罪定義為恐怖主義行為，並宣布啟動特別治安行動：面對持械傷人的現行犯，允許不經警告立即實彈射擊，並對追捕過程中造成的損失給予免責[9]。對此，一位二〇〇〇年後出生的一線巡警表示，他「無法信任」這種因應措施：「坦白說，允許未經警告隨意實彈射擊，在我聽來就是等著被告。前輩們也告訴我，不要相信那些酌情考慮的原則或法條，因為它們實際上毫無用處。在這種情況下，怎麼可能可以隨意實彈射擊呢？」

不是只有這位巡警有這種想法。在上班族匿名社群軟體Blind上，一名警察廳內部人員A先生發布了一篇名為〈持刀砍人事件？大家自求多福吧〉的貼文。他認為今後隨機傷人這種荒謬的惡意犯罪只會越來越多，再繼續這樣下去警察也無能為力，所以大家只能自求多福。他並於貼文中列舉曾有警察因過度使用武力而捲入訴訟的案件為例：

「警方向手持鐮刀直奔而來的男子開槍，雖然刑事方面獲判無罪，但民事方面依然被判賠一億韓元。還有一起案件，是男子持刀刺傷受害者後試圖逃跑，警方開槍射擊後，在民事方面被判賠七千八百萬韓元，理由是警方應該精準命中該男子的大腿。」

那麼，我們的未來將會如何？這其實沒有明確答案，不過應該和現在沒什麼太大的不同。有人會問，不帶著使命感工作的地方，還能正常運作嗎？沒有使命感並不代表不會克盡己職，只不過很難期望他們提供超出本分的服務。

如果未來真的出現缺乏使命感的兒科醫生，他還是會盡責地為孩童診療，也不會開出錯誤的處方。只不過，或許就不能期望他解答像是「孩子比同齡人更晚開口說話，怎麼辦？」這種與主訴症狀無關的問題。教育方面，缺乏使命感的教師還是會按照課綱、遵循教育目標進行教學，但他不會為了將任性的學生導回正軌而「多管閒事」，也不會再回應家長超出範圍的提問或建議。而使命感薄弱的公務員，也還是會遵照《公務員服務法》，透明、公正地履行職責，依照規範和常識來服務民眾，但職責以外的事他們便不再插手。

當然，服務於公領域的人可能不太容易卸下使命感的重擔，公務員社群仍有重視使命感的傾向。或許是因為公務員並非單純地將國家視為雇主、為國家效力，而是一如《公務員服務法》所說，是「實現《憲法》追求的價值，為國家獻身、為人民服務的人」。事實上，體系高層仍然無法擺脫「使命感的束縛」。然而，即使不斷強調「要做有使命感的公務員」，也不會帶來任何實質上的改變。

那麼，我們該如何看待這個趨勢？海洋水產人力資源發展院院長楊炳采在公私領域皆有工作經驗，面對這個提問，他說：「公職領域強調使命感絕對不成問題，也不過分。但服公職的人，傾向將使命感視為一種與工作無關而獨立的承諾。如今已無須再區分使命感和工作，而是應該抱持一種心態，帶著責任感面對分內的工作，就已經足夠。」

第二章

如何正確看待Z世代？

預測新世代，如同預測颱風路徑

不同世代之間發生衝突和誤會如今已不是新鮮事，但媒體的呈現似乎會讓我們認為這就是社會當前最緊迫的問題。然而實際上，媒體所描繪的世代衝突，通常都是在強化刻板印象，像是「年輕人不努力、只顧自己、沒有責任感」，或是以一九八六年後出生的世代為代表的「老一輩」，被視為「在經濟起飛時輕鬆找到工作，卻把自己包裝成憑一己之力打下江山」。當然，一九六〇年代中期至一九七〇年代出生的X世代，也被貼上許多標籤，被認為「對社會問題漠不關心，只在乎自己的想法和個性」。

很多人會問，要如何用一句話描述Z世代的特質？這個問題不容易回答。一般來說，簡潔扼要的話語確實是促進良好溝通的重要原則，也有助於資訊傳達或簡短的對話。不過，當我們要談論並說明世代的特質，這個方式並沒有太大的幫助。因為即使是同一個世代的同齡人，彼此之間也會因個人經驗、薪資水準、居住區域和性別等因素而出現複雜的差異。如果試圖將一個世代區分為特定的某幾種類型，可能反而讓社會更無意真正去理解他們。

反對世代論的人們認為這是一種「世代行銷」，將特定的社會成員歸納成特定類型，或僅憑粗略的特徵就將他們貼上標籤，實際上是一種暴力。他們認為，這種概括化容易忽略個人的獨特性，僅憑少數案例或經驗就對整個世代做出草率而錯誤的定論。不過，這也不表示所有分類化或概括化都毫無可取之處。「月薪寫實主義」小說家張康明（장강명）認為，概括和分類是「思想的本質」，如果沒有概括和分類，人類就無法思考[10]。例如，如果沒有「大眾運輸」這個分類，我們就無法放心地搭乘由陌生人駕駛的大型車輛。從根本上來說，「概括化會犧牲個人的獨特性」這個說法，本身也是一種概括化。

讓我們想想每年夏天都會來訪的颱風。根據韓國氣象廳網站，在韓國，颱風一詞最早出現於《氣象年鑑五十年》（暫譯，기상연보50년），這份年鑑彙整了一九〇四年到一九五四年的氣象觀測數據[11]。追溯其字源，英國在一五八八年就已使用「typhoon」一詞；而法國早在一五〇四年就曾出現颱風的紀錄。而我們現在所謂的颱風，是指「發生在北太平洋熱帶海域，最高風速等於或超過每秒十七公尺的熱帶氣旋」。這個定義，其實就是對熱帶氣旋的「分類化」。

熱帶氣旋在某些條件下之所以被稱為颱風，是因為颱風有時會對人類生活造成重大影響，比如說帶來足以將樹木連根拔起的強風以及豪大雨。因此，韓國氣象廳會發布緊急天氣預報，但沒有人會批評氣象廳是在搞「颱風行銷」。

新世代的出現，其實也是同樣的道理。一如每年夏天為了平衡地球能量而生成的颱風，新世代的出現也帶著某種必然性，遲早會來到我們面前。本書只是試圖用我自己的方式，理解這個必然登場的時代，觀察他們展現出的樣貌，並預測他們未來的方向。

不能因為討論聚焦於特定世代，就將所有討論一律視為「世代論」。比如說，企業在進行消費者分析時，會將消費者以年齡區分成不同區間。如果把這種做法批評為「世代論」，難免流於偏頗。本書和我的前一本著作《九〇世代來了》一樣，是一本商管書，聚焦於即將進入職場和社會的年輕世代，從人力資源管理和消費市場的角度來了解他們。之所以需要談論新的世代，不是因為他們有多奇特，而是因為他們正作為新人進入企業，也正作為新興的消費者影響著市場。

就這個層面來說，我關注的並非「二〇〇〇年後出生的Z世代」本身，而是「將在二〇二〇年代進入企業與社會的人們」。因為當他們進入企業，組織就會發生變化，他們也會藉由新的消費行為來改變市場。他們帶來的改變與過往的世代不同，這就是為什麼我會寫下這本書。

颱風來臨時，我們之所以關注天氣預報，是因為沒有任何颱風會依照與過往完全相同的路徑行進。每一個颱風的強度和行進方向都不一樣，而新世代的到來也是如此——他們不會走上與前幾代人相同的道路，而是以完全不同的方式推動世代前進。

從古至今，老一輩總會感嘆「現在的年輕人很沒有禮貌」。但世界始終在變動，隨著時代變化，總會有人試圖掌握自身當前所處的位置、想要看清未來的方向。為了迎接即將到來的未來，我們必須看懂世代的變化。

改變的不僅是時代

曾任韓國地方法院首席法官的作家文宥碩（문유석）在著作《個人主義者的宣言》（暫譯，개인주의자 선언）中曾說：「改變的不是世代，而是時代。」這句話對當時的韓國社會具有相當重要的意義。當時很多老一輩的人都將新世代視為「特立獨行、難以理解」的一代，並以此為前提來解讀和分析他們的言行，甚至將所有時代性問題歸咎為「世代問題」。

一直到現在，我到各地發表演講時，依然經常聽到把年輕世代當成外星人的觀點。二〇一九年開始流行的「MZ世代」一詞，更是強化了這種現象。然而，我在過去五年間走訪各個政府機構和企業發表演講、持續與年輕世代和老一輩的世代對話，過程中我也產生了新的疑問。誠然，時代改變了，但世代難道沒有改變嗎？世界上沒有什麼是不變的。那麼，我們應該如何建立「世代」與「時代」之間的關係？

「世代」和「時代」之間其實是相互影響。首先，變遷的時代改變了生活於其中的世代，而與當代關係最為密切的，正是年輕世代。因此，年輕世代對當下的時代影響最為深遠。而在變遷的時代中，最能適應變化的也是年輕世代。進一步來說，年輕世代也會反過來對時代產生影響，共同創造出下一個新時代。至今，時代與世代之間仍維持這種相互影響的關係，因此我們身處的世界也是由年輕世代所影響與形塑。若想要真正理解當代的樣貌，就有必要去認識這一代年輕人，他們是這個時代的鏡子；而若想正確理解年輕世代，也必須清楚地洞察如今這個時代的特徵。

反安娜．卡列尼娜原則

俄羅斯文豪列夫．托爾斯泰（Lev Tolstoy）一八七七年完稿的小說《安娜．卡列尼娜》（*Anna Karenina*）開頭有這麼一句話：「幸福的家庭都是相似的，不幸的家庭則各有各的不幸。」若要理解托爾斯泰為何以這句話為這部小說揭開序幕，就要看看書中所描繪的家庭樣貌。小說中，沒有一對戀人或一個家庭是幸福的。托爾斯泰藉由這句話暗示幸福的家庭只是作為每個人的理想而存在，因此它們都是相似的。這也清楚地傳達出作者對當時俄羅斯社會的批判。

普立茲獎得主賈德・戴蒙（Jared Diamond）在他的鉅著《槍砲、病菌與鋼鐵：人類社會的命運》（*Guns, Germs, and Steel*）中談到了「安娜・卡列尼娜原則」（The Anna Karenina Principle）——一如不幸的家庭各有其不幸的原因，人類未能馴化許多大型野生哺乳動物的背後，也有著複雜的因素。這個原則的重點在於，成功並非仰賴單一因素，而是需要避開所有可能導致失敗的原因，而馴化動物的困難也在於此[12]。

那麼，如果把這個概念套用在二〇〇〇年後出生的Z世代身上呢？「每個人幸福的原因都差不多，但每個人不幸的原因各有其說」這個說法似乎與如今的現實不符。由於年輕世代的喜好和生活方式太過多元，我認為「每個人幸福的原因各有其說，但每個人不幸的原因都差不多」這個說法更貼切。我將其稱為「反安娜・卡列尼娜原則」。

與二十年前不同，現在每個人對娛樂、休閒和消費的偏好各不相同。就算同樣是綜藝節目，每個人喜歡的節目也天差地遠。如今大家再也不會像過去那樣，每到週六晚上就聚在電視機前等著看《無限挑戰》。

儘管喜好各異，讓人們感到不幸的理由卻相似——在職場上受委屈、薪水永遠趕不上物價、社群媒體上其他人光鮮亮麗的生活讓自己感到渺小又失落。不過，主流媒體似乎對這些不幸不感興趣，而只關注新奇、吸睛的話題，「MZ世代」一詞更是強化了這種風氣。「草莓吃到飽，MZ世代搶著打卡」、「MZ世代沉迷威士忌」、「MZ世代迷上復古風」等報導不勝枚舉。然而這些話題，實際上與年輕世代的真實處境毫無關聯。

如果我們真的想要了解年輕世代，或解決這個時代的根本問題，就必須找出讓他們感到不幸的共同原因。個人的偏好或許不同，但每個人的基本需求都一樣。如果無法滿足這些需求，無論喜歡什麼，都無法感到快樂。這個道理同樣適用於老一輩的世代，因為讓年輕世代備感壓力或不滿的事物，也可能正在壓垮年長世代。如果我們可以釐清究竟是什麼讓年輕世代感到不幸，又是什麼阻擋了他們實現夢想的步伐，或許就可以找到更具包容性和普及性的解決方案，而無須讓特定世代單方面「讓步」或「犧牲」。

當千禧世代遇上Z世代

「追求新生活的MZ世代……」
「只花一萬韓元的餐費？MZ世代的困境……」
「MZ世代終結政治罷工……」

「MZ世代」一詞結合了千禧世代與Z世代，如今已被廣泛用以指稱當前的年輕世代，出現在無數主流媒體與新聞報導中。他們曾是公平性議題的焦點，也被視為能夠左右選舉結果的關鍵少數，同時也作為敏感且精明的消費者群體而備受矚目。不過，世界上只有韓國會像這樣將年輕世代並稱為「MZ世代」。

千禧世代和Z世代，各自是如何被界定的？首先，千禧世代又稱為「Y世代」，是介於X世代和Z世代之間的群體。很多人會搞混「千禧年」（Millennium）和「千禧世代」（Millennial）這兩個意思完全不同的詞，前者指的是「一千年」，後者指的則是「二十一世紀初步入成年的年輕人」。

關於千禧世代涵蓋的範圍，有各式各樣的討論。美國人口普查局曾將出生於一九八〇年至二〇〇〇年間的人歸類為千禧世代，而《韋氏辭典》（*Merriam-Webster Dictionary*）的定義則是一九八〇年代或一九九〇年代出生的人。或許韓國媒體正是因為這樣，才普遍傾向將「一九八〇年至二〇〇〇年出生的人」視為千禧世代。

不過千禧世代目前最被廣泛接受的定義，是「一九八一年至一九九六年間出生的人」。為了終結這場爭議，長期研究美國世代觀念的皮尤研究中心（The Pew Research Center）於二〇一八年宣布，將以「一九九六年出生的人」為千禧世代的分界線，一九九七年後出生的人則被歸類為「後千禧世代」。他們表示，之所以這樣區分，是因為一九九六年前出生的人，在二〇〇一年時年齡介於六歲至二十歲，因此對九一一事件有印象，同時在成長過程中適應了網路、行動裝置與社群媒體等新科技。而一九九七年後出生的人，則是在這些科技已經普及的環境中出生、成長。

千禧世代之後是「Z世代」，這個命名是從現有的「X世代」延續而來。從一九六五年至一九八〇年出生的「X世代」以來，世代就按照「X—Y—Z」的順序來命名，在以「Y世代」命名的千禧世代之後出生的一代，就稱為「Z世代」。

二〇一八年，《紐約時報》（*New York Times*）建議將Z世代重新命名為「家園世代」（Homeland Generation），以象徵美國在九一一事件後，國土安全已有所強化。美國心理學家珍．特溫格（Jean Twenge）則將一九九五年至二〇一二年間出生的人定義為「I世代」（iGeneration）。不過這些名稱遠不如「Z世代」普及。

儘管美國針對不同世代提出了清晰的劃分方式，但在韓國，千禧世代與Z世代被統稱為「MZ世代」。專門研究二十幾歲年輕族群的「大學明日研究所」在二〇一八年出版的《MZ二〇一九趨勢》（暫譯，트렌드 MZ 2019）一書中，首次使用了「MZ世代」這個詞。由於該書出版當下，正值二十幾歲的是一九九〇年至一九九九年間出生的人們，恰好橫跨了千禧世代後期與Z世代初期，因此使用「M＋Z世代」一詞。

然而，主流媒體在報導這群年輕世代時，往往將他們簡稱為「MZ世代」，並且將涵蓋的範圍擴大為「一九八〇年至二〇一〇年間出生的人」。儘管這個劃分方式引來諸多批評，但仍因頻繁使用而積非成是。不過，其實在「MZ世代」出現之前，韓國主流媒體和政界就一直在尋找能夠指稱「現在這群年輕人」的詞彙。「回聲世代」（Echo Boomers）、「N世代」（N Generation）、「八十八萬韓元世代」（大約出生於一九七七到一九八六年）都是曾經出現的例子，而顯然「MZ世代」最對他們的胃口。

針對年輕世代的偏見未曾消失

幾年前，我曾在一場為企業舉辦的演講中提到，「MZ世代」一詞只有韓國在用。當時，一位企業相關人士篤定地說：「可是我聽說MZ世代在其他國家也經常使用？美國也常舉辦相關研討會。」為了確認這一點，我搜尋了二〇〇四年至二〇二二年間有關「MZ世代」的資料，其中來自韓國的結果占了大多數。有時在國外以英文搜尋，會出現「MZ世代的定義」，也就是外國人想要了解這個詞的意思，而且大多是針對韓國人提出的疑問。

或許對我提出質疑的人，是因為用英文去搜尋「MZ世代」時看到了大量的網頁和資料，才誤以為其他國家也常用這個詞。不過，那些網頁大多來自《韓國先驅報》（*The Korea Herald*）、《商業韓國》（*Business Korea*）等以韓國為據點的英文媒體，或韓國人撰寫的英文論文。

當然有不少研究以時間軸分析千禧世代與Z世代並列的資料，然而不能因為這樣就認為這個詞在國際上也被廣泛使用。這些研究主要是為了區分千禧世代與Z世代，而非將兩者混為一談。即使「MZ世代」這個詞只在韓國使用，並不代表它本身有問題。但如果這個詞的用途，不是細緻地分析各世代在生命週期中的不同特徵，而只是用來取代像「二〇三〇世代」這種統稱，那麼對這兩個世代的混淆與誤解只會越來越深。

更何況，這個詞也不能代替「二〇三〇世代」，因為它涵蓋了截至二〇二三年為止，十幾歲到四十幾歲的人。忽視現代社會的快速變化，而將過去三十年間出生的人歸納為同一類、將他們視為同個世代，並不恰當。總而言之，「MZ世代」似乎只是媒體或官方場合中用來描述「現在這群年輕人」的詞彙。

真正的問題，是對年輕世代「毫不關心」

事實上，問題不在於如何劃分世代，而在於為何使用「ＭＺ」這個詞。有一個新詞彙叫做「ＭＺ攻擊」，意思是不在乎年輕世代到底說了什麼，只是一味地嘲諷他們是「囂張的年輕人」。

二〇二二年，小說家金英夏（김영하）作為tvN*《劉Quiz on the Block》（유 퀴즈 온 더 블럭）的節目嘉賓，談論了韓國社會對「創造力」的態度：假如公司老闆叫新人「想點有創意的點子來看看」，最後通常會以老闆怒吼著「你懂什麼！」收場。如果新進員工提出批判性觀點，通常會被暗示「該好好上新人訓練課囉」，或被用「喔~你就是那個ＭＺ世代吧？」來敷衍，將年輕世代的熱忱貶低為沒規矩、愛說空話、態度草率。

隨著主流媒體和老一輩的推波助瀾，一九九〇年代和二〇〇〇年代出生的年輕人，已經將「ＭＺ世代」一詞視為韓國特有的「強制迷因」（forced meme）**。他們不但無法引起共鳴，甚至成了被嘲諷的對象。

一九九三年生的年輕政治家朴敏英（박민영）在其著作《所謂MZ世代的謊言》（暫譯，MZ 세대라는 거짓말）中，也明言認定「MZ世代是個謊言」。他指出，媒體與政界為了搏眼球而濫用「MZ世代」一詞，使其失去了原先的定義和實質的意義。不過在韓國，與其說「MZ世代」這個詞是「謊言」（lie），不如說是「屁話」（bullshit）。

美國普林斯頓大學（Princeton University）哲學榮譽教授哈里．法蘭克福（Harry G. Frankfurt）在著作《放屁！名利雙收的詭話》（*On Bullshit*）中指出，「謊言」與「屁話」最核心的差異，在於「是否在乎真相」。「謊言」是以假亂真的一種話術，要達到這個效果，說謊的人必須先弄清何謂真相，因此至少會對事實抱持一定程度的關注；而講屁話的人則根本不在乎真相。法蘭克福因此認為，屁話比謊言更加危險，更能摧毀一個重

---

* 譯註：韓國的有線電視綜合娛樂台。

** 譯註：指為了讓人感到不舒服而故意編造的話。

視真相的社會。

由此可見，「MZ世代」一詞在韓國儼然已不是謊言，而是一種屁話。這個社會盲目使用這個詞，主要的原因就是「不在乎」。主流媒體只在意自己的報導能吸引多少關注，根本不在意定義、由來或實際事例。輿論與媒體無論是否屬實都隨意散播，這些「隨口說出」的話，就都是屁話。況且，將MZ世代定義為「出生於一九八〇年初期至二〇〇〇年代的人」，其實和十幾年前韓國對千禧世代的定義一模一樣，只是把「千禧世代」一詞改為「MZ世代」。這一切其實更強烈地顯示，老一輩對年輕世代根本不感興趣。

重點不在於如何命名，而在於是否關心

一九九三年十一月，愛茉莉太平洋公司（Amore Pacific）的前身太平洋化學公司推出首款男性專用化妝品「Amore Twin X」，請來當時正嶄露頭角的新人歌手金元俊（김원준）和演員李秉憲（이병헌）擔任代言人，並在廣告中率先引入了來自美國的「X世

代」一詞為關鍵字，營造出一種「雖然不知道是什麼，但感覺不錯」的氛圍。自那時起，各大企業便巧妙地運用「X世代」一詞。

根據皮尤研究中心的定義，X世代在美國指的是出生於一九六五年至一九八〇年間的人。然而，對韓國來說這項前提並不重要。媒體開始日復一日地大量傳播「X世代」這個說法，愛貼標籤的人並不在意這個詞究竟是什麼意思，只是用它來概括地形容「標新立異、得意忘形、與眾不同但糟糕的一代」。像「X世代演員，演技也是個X」這樣拙劣的文字遊戲也層出不窮。

而在當時，被媒體視為X世代代表人物的明星，似乎也不喜歡被稱為X世代。一九九四年秋天，《京鄉新聞》（경향신문）舉辦了一場「新世代藝人談新大眾文化」座談會，演員申恩慶（신은경）在席間表示：「媒體經常說我是『X世代的代表』，每次我都覺得很尷尬，我反而認為我的思想比較老派。某種程度上，我認為『新世代』這個詞本身其實沒什麼意義[13]。」

但對主流媒體來說，各方的抨擊一點都不重要。這樣看來，如今的「MZ世代論」

其實只是重演了九〇年代的「X世代論」，只不過時代改變了。二〇二一年，饒舌歌手李泳知（이영지）出席MBC電視台節目Radio Star，主持人金國鎮（김국진）問她「MZ世代代表」這個稱號是否讓她感到壓力，她表示：「讓我有點反感的是，我覺得MZ世代這個詞只是為了延續以字母為世代命名的習慣而來的一廂情願，因為MZ世代根本就不知道自己是MZ世代。」

結果無論是過去還是現在，新聞、媒體和老一輩的世代，對年輕世代都毫不關心，只不過是換個名詞稱呼年輕人罷了。

最近，「α世代」（Generation Alpha）一詞也逐漸流行起來。這個詞最早由澳洲研究機構麥克林登研究所（McCrindle Research）提出，他們將希臘字母的第一個字α獻給二〇一〇年後出生的人，也就是所謂「Z世代之後的一代」。《東亞商業評論》（*Dong-A Business Review*）曾於二〇二一年十月刊專訪麥克林登研究所負責人艾希莉·費爾（Ashley Fell）。她表示，當問及澳洲人希望如何定義下一代，最多人回答「A世代」。但回頭用第一個英文字母來為新世代命名似乎不太合理，於是他們從颶風的命名方式中汲取靈感，提出「α世代」這個名稱[14]。這個命名方式雖然很有魅力，但目前尚未被廣泛用於稱呼「Z世代之後的一代」。

《世代：你出生的時代形塑了你是誰》（暫譯，*Generations: Does When You're Born Shape Who You Are?*）一書的作者鮑比・達菲（Bobby Duffy），對於部分研究者急著為Z世代劃下句點、將下一代命名為「α世代」的做法提出質疑，因為這個世代甚至還未成年[15]。

但對於那些熱衷於掌握潮流關鍵字的人來說，「α世代」似乎正是合他們胃口的花俏術語。這個在國際上尚未有定論的關鍵字，已經開始在韓國流行起來。甚至有人提議摒除已經邁入四十歲階段的千禧世代，改將Z世代與α世代合併為「Z＋Alpha世代」。到了這個地步，該如何為世代命名，其實已經不重要了。

當然，世代論本身就有侷限性。無論怎麼命名，世代論都可能帶來刻板印象，無法概括同一世代中的多元特徵。由此也可以看出，這些命名其實並非自然產生的詞彙，而是基於某些目的而被刻意創造出來的。

然而，被譽為現代管理學之父的彼得・杜拉克（Peter Drucker）曾說：「無法衡量，就無法管理；無法管理，就無法改善。」要了解二〇二〇年代的韓國社會、掌握新世代初入社會所面臨的問題並預測他們將帶來的改變，從世代劃分的視角來看，或許會有幫助。我認為，重點不在於世代的劃分範圍或名稱，而在於我們是否真的關心他們。

第二篇

是什麼讓人們改變了？

第三章

人際關係也要追求效率

極致高效的社會

時代和世代的問題似乎就像「先有雞還是先有蛋」。但無論如何，我認為還是先有時代，因為韓國社會的變化正是形塑如今〇〇後年輕人的主要原因。探討這個變化時，還有一個重要的因素，那就是「韓國人」。香港演員周潤發在第二十八屆釜山國際影展獲頒「亞洲年度電影人獎」，他在與觀眾席上的觀眾們自拍時，邊拍邊說：「快點快點！沒時間了。辛奇（Kimchi）！」這個畫面因為融入了「韓式催促」而引發熱議。

「快快文化」在韓國人的生活中無所不在。YouTube 頻道「Dinngle」曾上傳一支影片〈為什麼外籍空服員看到韓國乘客會很開心〉（외국인 승무원이 기내에서 한국인

을 만나면 환호하는 이유），其中指出，善於察言觀色的韓國人會在飛機餐上桌前事先擺好餐桌，也會提前想好要吃什麼，讓空服員可以不用一一詢問。而且韓國人討厭等待，登機時向來井然有序又快速，幾乎不會導致航班延誤之類的麻煩事。此外，韓國乘客也會精準拿捏行李的重量，隨時準備好護照、機票等相關文件，讓空服員的工作輕鬆許多。

除此之外，還有許多可以展現「快快文化」的例子。比如在自動販賣機的咖啡還沒盛裝完畢時就將杯子取出，或是在列印完成之前就試圖將收據撕下。也因此全世界大概只有韓國的自助加油站會在機器列印收據時，發出「正在列印中，請勿拉扯」的提醒。

不過，韓國人並非從古至今都是急性子。有句古諺說「貴族即使下雨也不奔跑」，盟軍託管時期甚至出現了「韓國時間」（Korean Time）一詞，來形容韓國人經常遲到。由此可見，「快快文化」其實是韓國在工業化、邁入已開發國家的過程中所產生的文化，也是最適合用來描述當代韓國社會的詞彙。

然而，「快快文化」的重點不在於「速度」，而是「效率」。因為講求用相同時間達成最高成效，必須減少一切浪費。這樣的文化孕育出追求極致效率的人，也就是所謂的「效率狂人」。

追求效率的方式改變

問題不在於追求效率，而是「追求極致效率的方式」。在機場和地鐵站的電動步道上，其他國家的人通常靜靜站著，但多數韓國人都會走動或奔跑。之所以如此，或許是因為韓國人急性子，但也可以由此看出人們對事物的認知有所不同。韓國國立國語院建議將電動步道更名為「自動走道」，意指這是一種會自動移動的走道；英語則標示為moving walkway。其他國家的人都是按照字面意思理解和使用這項設施，但對韓國人來說，電動步道更像是遊戲裡的加速道具。由於對事物的認知不同，即使在韓國的電動步道上加裝「危險！禁止走動或奔跑」的警告標語，也無濟於事。

因此，社會上出現了只發生在韓國人身上的閱讀障礙。最具代表性的是「請推門」的標示。基於建築法規和空間規劃的考量，許多建築物會在出入口貼上「請推門」的標示，卻往往成效不彰。社群網路上經常看到店家發文抱怨店門被拉壞，甚至在門邊貼滿語氣懇切的告示，但還是會有人在看到「請推門」時伸手去拉，看到「請拉門」時伸手去推；而在看到固定門時，說不定還會想伸手推推看是不是真的固定。

這種行為或許可以解釋為性急、追求省力或唱反調的天性[16]，但某種程度上，它反映的是現代集團創辦人鄭周永（정주영）的名言：「你試過了嗎*？」即使標示上寫著「請拉門」，嘗試去推也有可能把門打開；即使標示上寫著「固定門」，也有可能在嘗試推拉的過程中真的把門打開。如果曾經有過不照指示去做反而成功的經歷，就可能產生「試試看也無妨」的心態。這正是人們追求高效率、面對挑戰時所發展出的處事方式。這種方式並非總能帶來好結果，但人們為何相信不按規定行事、隨心所欲會更有效率？

高麗大學心理系教授許泰均（허태균）在《為什麼我們成為這樣的韓國人》（暫譯，어쩌다 한국인）一書中指出，這種心態源於韓國的「自主性」文化。他認為，高速發展中

* 編註：意思是「還沒試過就不要隨便下結論」。先做做看，再來說可不可能。

的韓國社會一無所有，反而更能讓人發揮自主性。因為沒有既定的標準程序、沒有可以仿效的對象，也沒有人從旁指導，只能靠自己想辦法解決，讓韓國人養成了自主的習慣[17]。

另外也有觀點認為，這是因為韓國社會對公共領域的信任程度較低。全北大學新聞廣播系榮譽教授姜俊萬（강준만）在《各自為政共和國》（暫譯，각개약진 공화국）一書中表示，韓國人極不信任公部門與權威，傾向以個人或家庭為單位來克服困境[18]。這就是為什麼相較於聽從指示，人們認為「各自求生」對自己更有利。

從前，公司聚餐是建立關係的捷徑

在社會生活中，建立關係最需要的是「時間」。想要真正了解一個人，就必須長時間觀察、交談、了解對方的行為模式和內心，才能建立信任，讓溝通順暢進行並形成團隊意識。然而如今，韓國人在建立人際關係時，也採用「極致高效方程式」。

對韓國人來說，酒局向來被認為是建立關係的捷徑之一。公司聚餐顧名思義是大家聚在一起吃飯，又因為人們相信適量的酒精可以消除關係中長久以來的隔閡，所以喝酒通常是聚餐時不可或缺的一環。公司聚餐時，可以向平常不太熟的同事詢問一些難以啟齒的私事，也可以透過出身地或年齡等共同點，在短時間內拉近彼此的距離，讓雙方的關係快速進展。

但是，這種公司聚餐並沒有法律或制度上的強制性。檯面上，沒有任何公司會強迫員工參加聚餐，基本上完全是公司或團隊的自主安排。對韓國上班族來說，公司聚餐是提高人際關係效率的方式，自發且自願。

不過，自從九〇後進入社會，這項慣例在二〇一〇年代開始被打破。當上班工作越來越辛苦，同事們一起喝酒談天的聚餐已不再常見。下班後已完全屬於個人時間，這個觀點逐漸被普遍接受，原本理所當然在晚上舉行的公司聚餐也轉變為可以選擇性參加的午間餐敘。

當然，這樣的改變並不是一開始就被大眾所接受。二〇一九年十二月，我以來賓身分出席了KBS節目《AM Plaza》（아침마당），討論週四熱門話題「公司聚餐有必要嗎？」對此，我的立場是否定的。當時我說，雖然我個人喜歡聚餐，但希望如今大家

能站在二十幾歲年輕人的角度想想看，聚餐到底是不是理所當然的事。節目直播的過程中不斷湧入批評聲浪，十個觀眾裡有八人贊成公司聚餐，只有二人表示反對[19]。

然而，從二〇二〇年起，隨著〇〇後開始進入企業，社會上的氛圍徹底改變。這種改變代表著人們不再需要透過公司聚餐這種捷徑來建立人際關係，年輕世代完全可以拒絕沒有法律或制度強制性的文化。看來，大家一起把酒言歡的公司聚餐似乎已經失去促進人際關係的效果。

那麼，這是否代表〇〇後的年輕人已經放棄人際關係，不想進一步了解與他們共事的同事？其實不是這樣的。他們也和其他韓國人一樣，追求極致高效，希望能快速判斷對方的偏好和想法，並進一步建立關係。只不過，他們採取了不同的方式。

你的MBTI是什麼？

遇到〇〇後年輕人時，我最常聽到的問題是「你的MBTI是什麼？」我私下見過的〇〇後當中，十個人裡會有九個人對我的MBTI感到好奇，但和我同齡的人或前輩從來沒有問過這樣的問題。

ＭＢＴＩ是一種人格分類方式，根據四項指標，透過測驗區分出十六種人格類型。自從二〇二〇年新冠疫情全面爆發以來，這項測驗在韓國年輕人之間開始流行。我遇見的外國年輕人對ＭＢＴＩ完全不感興趣，似乎只有韓國的年輕世代會對別人的ＭＢＴＩ感到好奇。二〇二二年ＣＮＮ有一篇報導，分析韓國人為何對ＭＢＴＩ如此著迷。ＣＮＮ評論稱，韓國年輕人之所以如此相信沒有科學依據的ＭＢＴＩ，甚至連尋找另一半等重要大事都參考這種分類，是因為如今的年輕世代在競爭激烈的環境中感到疲憊不堪，因而逐漸失去了耐心。

也有很多人指出，ＭＢＴＩ這種自我評估式的測驗有著諸多侷限，硬將一個複雜的個人歸類為十六種類型之一，似乎過於簡化。事實上，人類世界遠比這個更複雜，要花很長的時間才能了解和認識一個人，因此這樣的批判相當具有說服力。

但是，不能因此就斷定年輕世代是在一無所知地盲目跟風。重要的是，這種固定類型的框架，有助於迅速判斷對方的偏好以及個性。事實上，年輕世代經常透過ＭＢＴＩ

來尋求建立人際關係的策略。比如說，面對極度T型（理性）的人，不能嘗試以情感訴求來打動他；而ENFP和INFP之間，因為彼此都不習慣直接表達需求，所以必須尋求更具體的溝通方式。對年輕世代來說，MBTI在縮短人與人之間的距離時，是非常好用的工具。

韓國年輕世代之所以想知道自己的MBTI，是為了透過自己與他人的MBTI對比，來找出建立關係的捷徑。與其探討他們採取了哪種捷徑，或是哪種捷徑更有效率，更重要的是這類捷徑本質上已經有所改變。年輕世代在了解他人時，已不再單純依據主觀判斷，而是習慣仰賴像MBTI這種既定的類型，來分類並評價彼此。

第四章　當世界從「靈活變通」變成「原則至上」

彈性的社會文化正在改變

韓國是經歷過壓縮式成長的國家。戰爭過後，在重建國家的過程中必須發揮效率。而在缺乏基礎建設和制度的時代，最需要的就是靈活變通的能力。談到靈活變通，現實生活中最明顯的例子，就是汽車上的雙黃燈，正式名稱是「危險警告燈」，顧名思義，它是為了讓駕駛在發生事故或故障等緊急狀況時，可以適時提醒周遭車輛注意。在大多數國家，遵循設計的初衷，雙黃燈只會在緊急情況下使用。但在韓國，打雙黃燈還有許多其他意思，像是「對不起」、「謝謝」、「再給我一次機會」、「別見外」、「將心比心」等。

這些並不是交通法規明文規定的用法，駕訓班也不會這麼教，而是經由社會慣例自然而然形成的。在韓國，雙黃燈幾乎像是被賦予了某種性格，例如即使有人在不能變換車道的實線路段硬切插隊，違規車輛只要適時地打雙黃燈，後車還是會讓路。

但是這種靈活且富有彈性的文化正在快速改變，且明顯可見於公部門的公益揭弊統計數字。根據韓國國民權益委員會於二〇二三年發布的新聞稿，自二〇一一年《公益揭弊者保護法》實施以來，所受理的揭弊案件逐年增加，從二〇一八年的一百多萬件，增加至二〇一九年的五百四十萬件[20]。

值得注意的是，儘管公益揭弊的範圍涵蓋了《勞動基準法》、《退休福利法》、《性暴力懲戒法》、《戶外廣告法》、《資訊通信網法》等多項法規，而且涵蓋的法規從二〇一一年的一百八十項增加到了二〇二一年的四百七十一項，但在所有案件中，仍有高達八〇．四%屬於「違反交通法規」。

之所以會出現這個現象，一方面是手機相機和高畫質行車紀錄器等裝置問世，另一方面是「智慧市民檢舉」、「安全檢舉信箱」等應用程式在技術上提升了便利性。不過，無論再怎麼簡便，從擷取、上傳影片到填寫資料，整個過程依然相當費事。那麼，為何「違反交通法規」這種沒有額外獎金的檢舉案件會大幅增加呢？

二〇二二年，YouTube 頻道「韓文哲TV」（한문철 TV）曾在直播中向一百位檢舉過交通違規案件的民眾提問，詢問他們為何會提出檢舉。根據《朝鮮日報》（조선일보）的報導，在這項調查中，最多人回答「教育與引導」（六五%），也有人回答「情緒上的懲罰」（二〇%）和「間接懲罰」（一六%）[21]。雖然出於公益的占比最高，但也有一大部分是為了滿足私人的報復心理。過去在發現交通違規時，人們大多會認為「或許是有什麼急事」；然而這樣的同理心，如今已經轉變成「不再容忍」的強硬態度。比如說，過去車輛停在同時允許直行和右轉的車道上時，停在路口的直行車通常會基於禮貌稍微讓開，好讓後面的車輛可以右轉。但現在不再能這麼做，因為如果為後車讓路，自己有可能因為違反交叉路口行車規則而受罰[22]。如今，韓國道路上曾經存在的「靈活變通」，正讓位給「原則至上」。

爭議不斷的社會

「靈活變通」和「原則至上」之間的衝突，正讓如今的社會爭議不斷。舉例來說，社群媒體上最近出現了一起「吃到飽爭議」。有三名成年男子到每人收費五萬韓元、可以在一百分鐘內無限取用的吃到飽壽司店用餐，卻在大約一小時後被老闆要求離開。老闆表示這三人大約吃了共一百七十盤壽司，平均每人吃五、六十盤。但是他們專吃高級壽司，對店家來說根本沒有利潤。三名客人則認為時間還沒到，店家沒有理由請他們離開。不過老闆依然強硬地以「妨礙營業」為由報了警，直到警方到場調解，這起紛爭才算落幕。

對於這起事件，網友的評價兩極。有人認為即使是吃到飽餐廳，以常識來說，也該知道不能毫無節制地一直吃，因為店家也要做生意；也有人認為，既然標榜吃到飽，就沒有理由因此趕走客人，而且規定的一百分鐘用餐時間根本還沒到。這起「靈活變通」和「原則至上」之間的衝突，從壽司店一直蔓延到社群網路。

那麼，年輕世代又是怎麼看待這起事件？二〇〇四年出生的大學生金世英（김세영）有過類似經驗。他認為店家既然發下豪語，用吃到飽的名義吸引顧客上門，當然就要承擔可能的風險。因此在「吃到飽爭議」中，他認為老闆不該期待顧客換位思考。

很多〇〇後認為，遵守既有規則很合理，也是區分是非對錯最可靠的途徑。他們已經習慣了「原則至上的世界」，在原則面前再提出「靈活變通」或「常識」，無疑是一種不公平的標準。比如說，如果店家標榜「吃到飽」，就代表老闆已經和顧客立下這項約定，不該隨意違反。

類似的案例其實很多。還有一起二〇二二年的「停車場風波」，在標榜「可刷卡繳費」的停車場，收費員在駕駛準備以信用卡付款時說了一句「身上帶點現金吧」，駕駛就認為對方多管閒事，雙方因而爭論起來。

「靈活變通」和「原則至上」的衝突

MBC人氣綜藝節目《無限挑戰》的「無限公司篇」，以幽默風趣的方式描繪辦公室生活，不僅開播時很受歡迎，至今人們仍津津樂道。劇中人物有一項重要的任務，就是依據季節、星期以及公司狀況來決定合適的午餐菜單。年紀最輕的員工主要負責訂餐，同時必須確保餐點準時送達。這是過去韓國職場上常見的情況，不過劇中橋段還有個前提，就是所有組員必須一起用餐。

一九九一年生的金亨鎮（김형진）回憶說，自己在公司很少和組員一起吃飯，因為他通常會在午休時間去公司的健身房運動。但某一天他卻因此被組長私下教訓，要求他偶爾要和組員們一起吃飯，這樣才有團隊精神。基於這段經歷，金亨鎮在升組長後，就告誡自己絕對不能當個老古板，因此總是小心翼翼地對待小組成員。不過，他偶爾也覺得有必要和組員們一起用餐。當他下定決心說：「明天我們一起吃個飯，如何？」得到的回答卻是：「組長，你知道《勞動基準法》吧？工作四小時就有三十分鐘休息時間。對於我們這些工作八小時的人來說，午休這一個小時就是休息時間。」

當今職場中的諸多衝突，看似是單純的世代問題，但從更廣泛的角度來看，往往是「靈活變通」和「原則至上」的衝突。可以確定的是，〇〇後的世界更接近「原則至上」。如果有人試圖根據自己的常識去改變原則，彼此間的關係就會出現裂痕。在原則至上的世界裡，人們無法認同「好的都好」這句話。對他們來說，「正確的才好」。正確的標準並非基於常識，而是原則。

第五章

當人們的思維與行為越來越接近ＡＩ

ＡＩ思維

史蒂芬・史匹柏（Steven Spielberg）執導的科幻電影《Ａ・Ｉ・人工智慧》（*A.I. Artificial Intelligence*）在二〇〇一年上映。當時剛邁入二十一世紀，一個擁有人類情感、像人類一樣思考和行動的機器人，對大多數人來說只會出現在電影裡，因此很少有人會對電影中的情節感到恐懼。早期人工智慧（artificial intelligence，ＡＩ）的目標是讓機器模仿人類行為，一九五六年英國數學家艾倫・圖靈（Alan Turing）將ＡＩ定義為「像人類一樣行動的系統」。一直到那個時候，對人類來說ＡＩ還只是輔助工具。

然而，進入二十一世紀還不到二十年，AlphaGo 就徹底擊潰了被稱為「人類最後堡壘」的圍棋，而ChatGPT等生成式ＡＩ也展現比人類更出色的能力。輔助工具如今正在超越人類。

發展ＡＩ的奇特之處，在於提升演算法品質的過程中，得到人類直接的幫助。這種方式稱為「人類參與循環」（human in the loop，ＨＩＬＩ），如今ＡＩ已經能夠像人類一樣說話。到了這個地步，開始有人呼籲注意ＡＩ的危險性。二〇一七年，史蒂芬．霍金（Stephen Hawking）提出警告：「ＡＩ可能導致人類滅亡。如果人類無法學會如何因應，這項技術將成為人類文明史上最糟糕的事件。」二〇二三年，特斯拉（Tesla）執行長伊隆．馬斯克（Elon Musk）、蘋果共同創辦人史蒂夫．沃茲尼克（Stephen Wozniak）以及作家尤瓦爾．哈拉瑞（Yuval Harari）等人簽署了一封公開信，呼籲減緩ＡＩ的研發速度，並認為目前的發展速度可能對人類構成威脅。

專家已提出警告，ＡＩ可能會超越並威脅全人類，讓我們不得不提高警覺。但這只是ＡＩ時代所能預見的兩大威脅之一。另一個擔憂是，我們通常只擔心ＡＩ變得越來越像人類，卻沒想過人類也可能反過來越來越像ＡＩ。如果人類開始像ＡＩ一樣思考和行動，會發生什麼事？

蘋果執行長提姆・庫克（Tim Cook）在二〇一七年麻省理工學院（Massachusetts Institute of Technology，MIT）畢業典禮演講中提到：「我並不擔心像人類一樣思考的電腦或AI，我擔心的是那些像電腦一樣思考的人。」

他擔憂的是，隨著科技日益進步，人們已經開始從電腦的角度去思考生活中的一切。他提出批判，指出那些為了人與人之間的溝通和交流而創造的技術，實際上正在分裂人們，並催生了大量對人性價值觀不感興趣的人。如今科技已成為我們大多數人生活的必需品，而這個過程中，出現了過去不曾存在的「類人類AI」和「類AI人類」。後者就是庫克所謂「像電腦一樣思考的人」。那麼具體來說，「像AI一樣思考和行動」，又是什麼意思？

為何年輕人看母語影片也要開字幕？

我們很容易在周遭找到像電腦一樣思考和行動的「AI人」，最典型的例子就是沒

有字幕就沒辦法看母語影片的人。二〇〇一年出生的大學生安智慧（안지혜），就這件事分享了她的經歷：「其實我原本不會開字幕。但不知道從什麼時候開始，就連看本土電影也要打開字幕。最近我有意識地嘗試不要開，但沒有成功。」她是土生土長的韓國人，二十幾年來都住在韓國。她說不是因為喜歡才打開字幕，而是別無選擇。過去幾年有些事改變了她看影片的習慣。

回顧二十世紀末，當時年輕世代覺得字幕很礙眼。到了二十一世紀初期，韓國電影院上映外國電影時，字幕也都位於畫面右側，常常分散觀眾的注意力。一九九六年九月一日，ＭＢＣ新聞解釋說，當時的年輕人出生於七、八〇年代，是習慣閱讀橫排文字的「韓文世代」，而非習慣閱讀直排文字的「漢字世代」，因此對字幕不太熟悉。當時也有人因為不習慣看字幕，而堅持只看韓國電影[23]。

直至一九九〇年代中期，電視綜藝節目中依然很少加入字幕。甚至在一九九五年，ＭＢＣ電視台製作人金榮希（김영희）在韓國首次播放加上字幕的綜藝節目時，還收到來自全國各地的抗議。當時字幕被認為是為了照顧聽障人士。不過，後來ＭＢＣ的

《無限挑戰》、SBS的《X-Man》等節目開始積極地在字幕中加入各種效果。到了二〇二〇年代，字幕不再只是單純為了提升影片內容的趣味，更是理解內容時不可或缺的一部分。

二〇二三年四月，韓國技術教育大學AI變化研究所委託Open Survey進行的〈訂閱制OTT影音內容使用行為調查〉結果顯示，韓國人之中每十人就有五人（五二%）在觀看串流影片時會開啟韓文字幕*。只不過，不同世代之間有著很大的差異。當被問到「看韓語影片時，是否會開啟韓文字幕？」出生於六〇年代的人當中只有三〇%給出了肯定的答案，但這個比例在〇〇後受訪者中，則高達七四%。

二〇〇七年出生的金衡基（김형기）參與了這項調查。當問及看影片時開啟字幕的原因，他表示是因為聽不清楚影片中的對話。另一位二〇〇三年生的受訪者李賽綸（이새롬）也表示，必須開著字幕看影片，才有辦法正確理解談話內容。

這個現象不是只發生在韓國，世界各地都在經歷同樣的變化。二〇二二年美國線上語言學習平台Preply調查了一千二百名美國人看影片時開啟字幕的頻率，有五〇%受訪者表示會開字幕。而以世代來看，開啟字幕的受訪者中Z世代人數最多，占了七〇%。無論韓國還是美國，越年輕的世代，觀看母語影片時開啟字幕的人越多。而最常見的原因，比例最高的是「聲音模糊，聽不清楚」（七二%），其次是「口音很難聽懂」（六一%）；其他還包括「想在家中安靜地看影片」（二九%）、「為了專注於螢幕畫面」（二七%）和「為了學習新語言」（一八%）等。歸根究柢，難以理解影片內容的原因在於「不知道影片中的人在說什麼」。

美國新聞評論網站Vox在二〇二三年播出了一部名為〈為什麼我們現在都需要字幕〉的影片，從技術的改變探討人們難以理解語意的原因。簡單來說，現在的影片都是用高音質聲音技術製作而成，但電視和手機的揚聲器無法完全輸出。不過，這不能解釋為什麼年輕世代中有比較多人使用字幕。

那麼，為什麼這種傾向在年輕世代中更為明顯？在尋找答案之前，要了解「類比」

---

*每十年為一個世代單位，各世代參與調查人數一百人，總調查人數五百人。調查時間為二〇二三年四月二十一日，在八〇%信心水準下，抽樣誤差範圍為正負二．八七%。

和「數位」之間的差異，這點非常關鍵。我們從二十世紀邁入二十一世紀的過程中，容易不自覺地將「類比」和「數位」理解為「過去」和「現在」。但是兩者本質上的差異在於訊號的處理方式。聲音、光和溫度都是訊號，而類比和數位正是處理這些訊號的兩種方式。

人們常說，「曲線屬於上帝，直線屬於人類」，這是因為在純粹的自然界中找不到直線。這可以用來比喻類比和數位之間的差異。類比是以連續的波形來表示訊號，數位則是人為分割產生的訊號。如果應用於字幕，我們觀看影片時聽到的聲音就屬於類比的領域，而將這些對話以文字形式表現出來，也就是字幕，屬於數位的領域。

相較於聲音這種類比訊號，屬於數位訊號的字幕就相對準確，因為不會受到類比訊號中會有的雜訊或頻寬等外界干擾，能以精確的標準化符號傳達訊息。反之，若要理解聲音，我們必須在不清晰的聲音中辨別、解讀訊號，同時還要結合對方的語調和前後脈絡來綜合評估語意的變動，這需要更高的專注力。

在數位化之前，大多系統都是直接處理類比訊號。因此，生活在那時代的人們更熟悉需要花更多心力去詮釋的「類比式」溝通。但是，對於在數位化世界出生、成長的年輕世代來說，比起綁手綁腳的類比式溝通，他們更喜歡也更習慣「數位式」溝通，並在過去幾年間迅速改變了社會。

二〇二二年七月上映的電影《韓山島海戰》（한산：용의 출현），為韓語的原聲對白搭配了韓文字幕。這個做法在韓國電影中相當少見，因而引發熱議。電影前半部只有日軍的日語台詞配有字幕，但在後半部戰役場面中，包括李舜臣（이순신）在內的朝鮮水師說話時也出現了字幕。執導該片的金漢珉（김한민）導演在接受採訪時表示，加入字幕是為了充分呈現戰爭場面的音效和背景音樂，同時清楚傳達人物對白。為了增強戰爭的激烈感，他下定決心這麼做[24]。從「決心」二字可以看出，為韓語對白配上韓文字幕並不常見，因為人們通常認為加上字幕會妨礙觀眾對影片情境的投入。

不過往後為韓語影片加上字幕的情形可能會越來越多，現在無線電視台也開始引進字幕。二〇二三年，SBS重播《權貴復仇》（법전）、《Trolley：命運交叉點》（트롤리）和《模範計程車》（모범택시）第二季時，開始提供字幕服務。這是自一九五六

年第一部電視劇《天堂之門》（暫譯，천국의 문）播出以來，走過六十七年歷史的無線電視台史上首次加入韓文字幕[25]。

在SBS首開先例後，韓國電影振興委員會直接主導韓文字幕的引進工作。為宣傳帶有韓文字幕的韓國電影和電影院，他們舉辦了「現在就去電影院吧！韓國電影的韓文字幕」活動。緊接著，在二〇二三年七月上映的電影《神鬼海底撈》（밀수）中出現了韓文字幕，這是韓國電影百年來頭一回[26]。當然，並不是說過去不曾出現過帶有韓文字幕的韓國電影。二〇〇五年，韓國電影振興委員會與身心障礙協會以及電影院合作，推動名為「價值春日電影」的身心障礙人士觀影體驗改善計畫，攜手引進韓文字幕與解說旁白。雖然這類電影起初並不普遍，但隨著觀眾對字幕的需求提升，帶有韓文字幕的韓國電影開始蓬勃發展*。

以上是時代改變了世代後，世代又反過來影響時代的其中一個案例。數位時代創造出熟悉數位式溝通的世代，這個世代的崛起又再次創造了新的潮流。

「類比人」與「數位AI人」

即使在相同時代觀看相同影片，年輕世代更需要字幕這種數位化的幫助。這是因為他們是不同類型的人，思考模式也完全不同。我稱他們為「數位AI人」。如果說「類比人」習慣類比訊號和類比式思維，那麼「數位AI人」則更熟悉數位訊號和數位式思維。

那麼，界定的標準是什麼？YouTube頻道「20 Birds」在二〇二二年六月發布了一支影片，名為〈二十幾歲的人使用的第一支手機〉（20대가 처음 사용했던 핸드폰）。影片中的受訪者都是未滿三十歲的二十幾歲年輕人，不過他們彼此之間也有著細微的差異。越接近三十歲的人，提到的大多是功能型手機，例如「Lollipop棒棒糖機」、

＊一般主流媒體認為，在韓國影音內容添加韓文字幕始於為身心障礙人士提供無障礙內容，後來受到一般大眾的好評。然而，事實上前後順序正好顛倒。更準確地說，韓文字幕之所以興起，與其說是因為一般大眾響應了無障礙觀影計畫，不如說是因為一般大眾的視聽習慣有所改變。

「巧克力手機」和「Ever」等。反之，越接近二十出頭的受訪者，就越多人回答「Vega Racer」或「Galaxy」等智慧型手機。

事實上，在「出生後使用的第一個手機品牌」調查中，只有一五%的九〇後受訪者提到了智慧型手機，而六六%的〇〇後受訪者表示生平第一支手機是iPhone或Galaxy等智慧型手機*。至於開始使用智慧型手機的平均年齡，九〇後的平均是十九・一歲，接近成年階段；〇〇後則是十二・六歲，相當於小學年紀。

當然，我們不能將過去的功能型手機視為類比手機。不過功能型手機與智慧型手機有一個主要差異，那就是電池電量的顯示方式。功能型手機以電量計格數來顯示，通常以四格刻度顯示剩餘電量，每一格代表二五%。隨著電池電量消耗，電量計格數會逐漸減少。反之，智慧型手機的電池電量是以〇到一百的具體數字來呈現。

這種差異可能看起來沒什麼，但如果把它視為一種隱喻，就能發現兩者之間的驚人差異。也就是說，現在韓國社會出現了一批更注重細節的人。舉例來說，假設有一家公司的上班時間是八點三十分。事實上，這就是我在二〇〇七年進入公司時的上班時間。

第一個上班日，我八點十五分就抵達公司。隨後有一位前輩告訴我，以後最好提早三十分鐘上班。這件事剛開始讓我很震驚，但我沒多想，還是照著前輩說的去做。對當時的我來說，提早十五分鐘上班和提早三十分鐘上班差別不大，就像當時使用的功能型手機電池一樣。

然而，在二〇二〇年代的今天，大概很難出現這種情況。如果對剛進公司的〇〇後新人說：「雖然規定上班時間是八點三十分，但希望你能八點就到公司。」大概不會有任何人理會這個建議。這並不是因為MZ世代不懂事或沒概念，而是因為他們習慣以一分鐘為時間單位，而不是三十分鐘。對於仔細觀察世界的數位AI人來說，最合理的上班時間是八點二十九分。

那些能夠迅速掌握時代變化並即時反映於企業文化的新創公司，似乎很清楚這個道理。經營「Baedal Minjok」（韓國食品配送服務）的Woowa Brothers公司是一個很好

＊此為先前進行的〈訂閱制OTT影音內容使用行為調查〉之補充調查，受訪對象為一百名一九九〇年後出生者和一百名二〇〇〇年後出生者。

的例子。他們的組織文化「在松坡區提高工作效率的十一個方法」中，最重要的是這句話：「九點〇一分不等於九點*。」如果規定上班時間是九點，那麼準時九點到公司沒有問題，但九點〇一分才抵達就是違反規定。相較於提前三十分鐘就要到公司的舊文化，兩者在本質上截然不同。

傾向將失敗的可能性降到最低

並不是說在二〇〇〇年以後出生的人就是數位ＡＩ人。雖然接觸數位科技的時間和出生的年代有一定的關聯，但這並不是絕對的標準。無論生理年齡如何，任何人都可以擁有數位思維。那麼，我們該如何區分「類比人」和「數位ＡＩ人」？舉例來說，當提到「只要去做，就〇〇〇。」這個句型，人們在空格處會填入什麼呢？如果不假思索地回答：「只要去做，就對了！」這樣的人比較接近類比人。

「只要去做，就對了！」這句話是一九七〇年代第三共和時期大韓民國最具代表性的口號，意思是「只要肯努力，沒有不可能的事」，展現出拚搏的挑戰和自助精神。

我會這樣說，並不代表認為背後的精神是過時的思維。從字面意思來看，「只要……就……」的句型代表一種「在特定條件下可行，不符合條件就不行」的狀態。但是，在「只要去做，就對了！」這句口號裡，「只要去做」並非條件，而是一種不受條件限制的精神。因此，這句口號可以象徵一種「非典型、靈巧」的類比式思維或人格類型。

然而，一九八二年出生的我實在無法完全認同這句話。當主管宣布團隊必須在下個月達成二〇〇％的業績，我心裡想的是，現實中有些事可以辦到，但有些事勉強不來。比起「只要去做，就對了！」，這種心態更像是「只要去做，就行得通嗎？」

至於習慣數位式思維的數位ＡＩ人，他們想得更遠。如果說「只要去做，就對了！」是積極進取、感性導向，那麼數位ＡＩ人的思維則更接近「只要行得通，就去做。」這種更具防禦性也更理性的句子。這種思維不會憑藉信念和意志來行動，而會事先評估結果，傾向將出錯的可能性降到最低。就像電腦一樣，先精確定義問題，再

＊這句話並非只針對通勤時間，本質上的意義是強調重視成員之間的承諾。因此現在這句話已經改為「十二點〇一分不等於十二點。」

闡述答案。

《從設計思維到程式思維》（暫譯，디자인 씽킹을 넘어 프로그래밍 씽킹으로）一書的作者、韓國技術教育大學教授尹相赫（윤상혁）將這種思維定義為「程式設計思維」，與編碼（coding）類似。編碼是一種用語言設計程式的行為，只有依照準確指令運作的機器才能理解這種語言。從這個角度來看，「只要行得通，就去做」並不是因為意志薄弱，而是數位AI人的思維。

有一句話是這樣的：「就算你胡說八道，我也能完全明白。」這代表即使對方解釋得不清不楚，也能聽懂前後脈絡。這種能力在職場上尤其重要，即使對方說話一塌糊塗，也必須能聽出箇中道理。這可以說是一種職業道德或判斷力。

但是，這種事只有在類比社會才有可能發生。至少對數位AI人來說，這不是他們可以接受的說話方式。反之，他們更習慣「你說得不清不楚，我也聽得不明不白」。

從圖表四我們可以看到，類比人的世界觀沒有固定框架，數位AI人的世界觀則

圖表四　類比人vs.數位AI人

分類	類比人	數位AI人
世界觀	無固定框架	有固定框架
人生觀	情感導向	非情感導向
行為準則	靈活變通	原則至上

更有固定模式；如果說類比人是情感導向，那麼數位ＡＩ人就是非情感導向；類比人注重靈活變通的生活準則，數位ＡＩ人則更注重有原則、有系統的生活態度。

這兩種類型當中，類比人更接近我們對一般韓國人的認知。然而，ＡＩ時代已經來臨，並且帶來了數位ＡＩ人，這些新人類又進一步改變著韓國社會。改變一如既往地伴隨著痛苦，如今韓國社會又將出現新型態的衝突。

「極致ＡＩ人」誕生

類比人和數位ＡＩ人只是基於時代變遷而產生的差異，並沒有誰對誰錯。而且，根據接觸數位的時期，一個人相對來說可能更接近數位ＡＩ人，或更接近類比人。無論屬於哪一個類型，或是介於兩者之間，都沒什麼關係。問題在於「過猶不及」。我們會害怕或警惕所謂「老古板」*，也就是過於恪守傳統、墨守成規，或將自身經驗強加在別人身上的人。根據圖表四，由於老古板傾向追求法律和原則之外的靈活變通，因此我想可以稱他們為「極致類比人」。

什麼樣的人會像這樣過度固執於類比式思維？為了幫助讀者理解，我想舉MBC綜藝節目《玩什麼好呢？》（놀면 뭐하니？）中出現過的一個情境為例。背景設定在一家假想公司，演員車勝元（차승원）飾演的馬理事和主持人劉在錫（유재석）飾演的劉經理正一起用餐。在這個情境中，即使劉經理已經表示自己不太會喝酒，馬理事還是不斷勸酒，甚至以「拒絕長輩倒的酒很沒禮貌」為由，強迫劉經理喝酒。

很多人會認為上述情境中的馬理事是老古板，但產生這種想法的原因很重要。他之所以是老古板，並不是因為他職位高或說話時不用敬語，也不是因為他勸酒，而是因為他「強迫不會喝酒的人喝酒」。這種蠻橫無理的人會隨意破壞社會公認的原則，試圖將自己的錯誤觀念灌輸給他人，而這種人在韓國社會很常見。

但是現在，出現了和這種老古板完全不同的類型，也就是「過度沉浸於數位式思維」

的人。我們來看看某家企業不久前發生的真實案例。這件事發生在與會人數大約十人的新創研討會，第一天晚上大家和樂融融地徹夜喝酒，隔天早上行銷組的吳組長為成員們煮泡麵以緩解宿醉。他習慣性地裝水、開火，水滾後拆開包裝，放入麵條和調味料。此時有位組員慌張地跑過來，問吳組長怎麼會這樣煮泡麵。吳組長不明白對方的意思，組員於是說：「包裝上寫說要先放乾燥蔬菜包，再加水煮滾。烹調方法都寫在這裡了，你怎麼隨便亂煮？」

令人驚訝的是，像這樣無法忍受他人不按照規則行事的人正在增加。即使不是嚴重的大事，他們也對一切法規或原則一板一眼，就像一台故障的機器。像這樣有著「極致數位式思維」的人，更接近「類生化人（cyborg）」，也就是很像機器人的人類。

數位AI人重視原則和制度，而對於帶著「極致數位式思維」的類生化人來說，是非對錯是最重要的事，而且沒有灰色地帶。這類人的出現，正為韓國社會埋下新的衝

* 作家阿格（아거）在二〇一七年的著作《發現老古板》（暫譯，꼰대의 발견）中，將老古板定義為「認為自己的身分地位高人一等，自以為是地給別人建議，理所當然地忽視、鄙視、瞧不起別人的人」。

突種子。因為並非每件事都有使用手冊，即使有，也不可能總是依照手冊行事。

之所以會出現這種極端的類型，原因不完全在於數位化，其實也是「決策外包」的結果。如同之前的章節所說，韓國的低生育率已經影響到醫療體系中的兒童與青少年專科。根據首爾研究院的資料，二〇一七年至二〇二二年間，首爾市有一二・五%的兒童與青少年專科歇業[27]。這讓兒童與青少年求醫比以前困難，家長預約掛號像打仗一樣，必須排隊等看診。

另一方面，與式微的兒童與青少年專科不同，心理諮商的發展蒸蒸日上。心理諮商大致可以分為兩種，其一是精神科（psychiatry），也就是身心科，必須由精神科醫生提供專業的治療。二〇一七年至二〇二二年間，首爾市新開業的醫療院所中比例最高的就是身心科，成長率高達七六・八%。與此同時，兒童與青少年專科減少的比例是一二・五%，兩者形成了強烈對比。不過，生活中常見的心理諮商機構，大多是「諮商中心」或「治療中心」，而非由專科醫生負責的精神科或身心科。

在感到煩惱時主動尋求諮商是一件好事，但心理諮商機構的爆炸式成長並非全然如此。在韓國，開設心理諮商機構幾乎無須資格認定，因此在經營管理上也沒有太多限制。心理諮商的民間資格認定和合格標準也各不相同，目前相關的民間證照就超過四千四百種[*28]。

擁有諮商心理學碩士學位的諮商心理師安京模（안경모）表示，有些心理師會引導客戶接受過度諮商：「即使接受諮商的孩子沒有什麼特別的問題，有些諮商心理師還是會試圖向父母推銷，換個方式暗示孩子必須接受整套諮商。」這番話讓我想起二〇一九年的電影《寄生上流》（기생충），其中有段劇情描述朴素丹（박소담）飾演的角色基婷（기정），即使沒有專業證照，還是有模有樣地為雇主家的孩子進行收費的「藝術治療」。

這些未經認證的心理諮商機構之所以生意興隆，是因為人們有諮商的需求。如果習慣了這種徒有其表的諮商，人們最終可能會把應該由自己判斷和決定的事全部交給諮商

* 在韓國，由政府核發的心理諮商證照，只有由女性家族部認定的「青少年諮商師」和保健福祉部認定的「精神健康臨床心理師」。

師，也就是所謂的「決策外包」。

安京模心理師和我分享了一個讓他十分震驚的諮商案例。他有一位大學生客戶和朋友因為小爭執而疏遠，他不知道該怎麼辦，於是尋求諮商協助。安京模說，雖然成年人為此感到困擾很正常，但這位客戶完全沒有嘗試和對方對話，就直接尋求諮商，讓他感到很錯愕。

二〇二三年，某大學教務中心的電子看板上出現了這樣一句話：「自己的事自己做！與教務相關的疑問，請學生本人直接與我們聯絡，不要透過父母！相信自己的能力！」

現在，有越來越多大學教職員接過家長的電話，甚至軍隊也常接到父母的來電，在電話中連聲拜託「請好好照顧我家孩子」。這是因為父母過度保護，還是因為子女無法自行判斷和做決定？無論如何，無法獨立行事儼然已是一種趨勢，對某些人來說更是新的商機。該如何讓人們扛起自己分內之事，已成為韓國社會面臨的新挑戰。

電話恐懼症與Clubhouse的大起大落

「電話恐懼症」（phone phobia）是指害怕透過電話與他人交談。有一篇報導指出，新冠疫情進入地方性流行階段後，已經長時間習慣與人進行非實體交流的年輕世代，竟不知不覺患上了電話恐懼症。報導中提到，有些二、三十歲的年輕人因為進入職場後需要透過電話與人交談，而報名了演講補習班。另外還有一種恐懼症，是看到上司來電時會感到焦慮不安。《東亞日報》（동아일보）甚至以〈擔心「電話恐懼症」的MZ世代到補習班學習面對面說話〉為題刊登了一篇報導[29]。

然而，電話恐懼症並不只發生在「MZ世代」。二〇一九年新冠疫情爆發前，韓國求職網站Job Korea和兼職平台Albamon針對一千〇三十七名成年人進行調查，結果發現有四六・五％受訪者表示自己患有電話恐懼症。二〇二〇年，時隔一年再次以相同形式進行調查，結果這次有高達五三・一％受訪者表示他們害怕接聽或撥打電話。

事實上，電話恐懼症這個問題已經存在好一段時間了。這個詞最早在一九九五年由精神科醫師約翰・馬歇爾（John Marshall）於《社交恐懼症》（*Social Phobia: From Shyness to Stage Fright*）一書中提出，根據這本書的統計，一九九三年的英國，約有二百五十萬人患有電話恐懼症[30]。

　而在韓國，電話恐懼症的問題從二〇〇九年引進智慧型手機後正式浮出檯面。在智慧型手機上市五年後的二〇一四年，韓國網路振興院針對「使用智慧型手機的目的」進行調查，有七九・四%受訪者回答「為了聊天和使用通訊軟體」，七〇・七%回答「使用語音和視訊通話」。智慧型手機推出五年後，以文字進行溝通的方式變得更加普遍。

　因此，與其探討「誰害怕講電話？」我認為焦點應該在於「為什麼人們害怕講電話？」二〇一九年一項「為什麼人們會出現電話恐懼症」的調查中，最常見的答案是「因為習慣透過通訊軟體或簡訊進行溝通」。在二〇二〇年的調查中也出現一樣的答案，只不過多出了「非面對面交流」幾個字。儘管如此，近期有關「電話恐懼症」的報導中，總會提及「MZ世代」。但在現實中的職場上，真的會有新進的年輕員工在接到公司電話時，顫抖著請前輩或同事幫忙接聽嗎？我想恐怕不會有這種情況。未來〇〇後大舉進入企業時，也是一樣的狀況。

問題不在於MZ世代，而是電話恐懼症導致的突發狀況。金鐘大（김종대）是證券公司投資銀行部門經理，某次他一如往常向一名二十幾歲的新進員工下達口頭指示，事後員工卻請他把剛才交代的事項透過電子郵件或通訊軟體再寄給他一次。我們以後在職場上可能會遇到不少這種情況。老一輩的人對此或許會感到荒謬、難以理解。在遠距工作已經成為常態的組織中，大家已經不用面對面共事，這方面的溝通問題不會被認為有什麼大不了。因為在這樣的環境中，大多數的業務都是透過書面形式、文字或通訊軟體來進行。況且，口頭溝通難以留下正確紀錄，上班辦公時反而忌諱這麼做。

人們以語音為主的互動交流逐漸減少，語音社群Clubhouse衰退的原因和這種趨勢有關。和當時其他社群網路相比，二〇二〇年四月上線的Clubhouse，最大的特徵在於「語音雙向互動」。當用戶創立語音聊天「房間」並邀請他人聊天時，其他人可以進入房間聆聽發言者的對話，進入房間的聽眾只要點擊「舉手」鍵，就能參與對話。

Clubhouse的用戶數量在二〇二一年初呈現爆炸式成長，因為人們可以透過這個平台與特斯拉創始人馬斯克、知名主持人歐普拉（Oprah Winfrey）等現實生活中難以遇見的名人交談，傾聽他們內心的聲音。二手交易網站上甚至有人開始販賣加入 Clubhouse 的邀請函，這波熱潮讓 Clubhouse 一度被認為可以取代推特（Twitter）和 Instagram 等社群媒體。然而這波熱潮來得快，去得也快。許多人認為 Clubhouse 的系統封閉，只允許收到邀請函的 iPhone 用戶加入；也有人認為它的溝通方式專制霸道，話語權爭議讓它走向沒落。但是這些問題只是導致 Clubhouse 衰落的次要原因。儘管 Clubhouse 將 Android 用戶納入客群，也取消了邀請制，依然無法脫離衰退的困境。

退燒的不是只有 Clubhouse 本身，其餘效仿 Clubhouse 的語音社群軟體也未能帶來太大的迴響，進而紛紛下架。對此，《富比士》（*Forbes*）指出，語音社群軟體本身是一種不符合時代潮流的嘗試[31]。也就是說，它與短影片等內容篇幅縮短的趨勢相左。類比式的語音溝通，需要從不清晰的語音訊號中提取並解讀詞彙和語意、第一時間理解對方的語調和語境中不斷變化的含義，再進行綜合評估。與透過文字進行的數位式溝通相比，它需要高度的專注力。

二〇〇二年出生的金娜萊（김나래），在二〇二一年初曾一度沉迷於Clubhouse。她表示，倦怠是讓她決定退出的原因：

> 「收聽Podcast或廣播時，可以邊聽邊做其他事情，但Clubhouse需要即時互動。我必須分分秒秒集中注意力，以免跟不上談話的步調。這種專注的感覺一開始很有趣，但隨著時間過去，我開始感覺全身虛脫無力。社交變得困難，也出現了類似職業倦怠的症狀。於是我退出不用了。」

對此，《金融時報》（*Financial Times*）指出，Clubhouse這類軟體基本上和電話會議沒什麼不同[32]，只是新冠疫情讓它爆紅。一旦線下活動恢復以往的活力，人們將不再偏好這些語音社群平台。隨著後疫情時代來臨，Clubhouse用戶也如退潮般快速流失。

從高情境文化到低情境文化

在先前的段落中，我們探討過為什麼「就算你胡說八道，我也能完全明白」這句話不再適用於數位ＡＩ人。這句話成立的前提，是溝通時聽者和說話者之間必須有足夠的交流，如此一來，即使表達不精確、斷章取義或模稜兩可，也能理解對方的意思。

但我們不能指望具有數位式思維的ＡＩ人能夠做到這一點。就像輸入不符合程式的指令會導致錯誤，如果你對ＡＩ人胡說八道，他們就會照單全收。

文化人類學家愛德華・霍爾（Edward T. Hall）在一九七六年的著作《超越文化》（*Beyond Culture*）中，提出了「高情境文化」（high context culture）和「低情境文化」（low context culture）的概念，解釋了不同文化在溝通上的差異。他指出，高情境是一種不直接表達觀點的溝通方式，這種文化普遍存在於東方。另一方面，低情境的溝通方式則是直接表達、不拐彎抹角，主要常見於西方。

高情境文化抽象且感性，表現出來的是謙虛、隱藏自身真實感受的態度，會在談話中使用隱喻。因為有些資訊只能透過前後文來推斷，所以需要有足夠的背景知識或掌握一定的情況，才能理解。低情境文化則採用合乎邏輯且理性的溝通方式，透過單刀直入的說話方式，簡潔而直接地進行交流，因此相對容易理解。但是，與透過前後文就能快速交流的高情境文化相比，低情境文化必須逐一解釋具體細節，才能真正進行溝通。

我們可以在漫畫中清楚地看到這種差異。美式漫畫無論是ＤＣ還是漫威（Marvel）

的圖像小說，單一頁面中往往塞滿密密麻麻的對話。但在韓國的網路漫畫或日本漫畫中，這樣的場景相對較少見。

如果在職場上聽到老闆說「你做得非常好」，你會如何反應？如果你是韓國人，應該會覺得不太對勁，需要更仔細地觀察情況，才能確定這句話究竟是褒還是貶。但是一般來說，韓國人聽到這句話，會認為自己的行為或業務出了問題，所以老闆用反諷的方式來暗示。這就是高情境文化的典型例子，聽者必須小心翼翼地解讀真實語意。然而，英文母語者對這句話可能會有完全不同的反應。因為他們會直接指出對方的錯誤，不會拐彎抹角。這就是所謂的低情境文化。

這些溝通上的差異並不單純基於東西方文化的不同，即使身處相同社會，男性和女性之間也很容易因為這類語意上的誤解而導致溝通不良。比如說，當女性在社群媒體上傳照片並配上「這樣美不美？」「哪件衣服比較適合我？」等文字，或是吵架時說出「我沒生氣啊」這種話時，男性可能因為無法理解女性真正的語意，而給出不恰當的回應或感到不知所措。這顯示出，即使處在相同社會，要理解他人真實的想法依舊相當困難。

那麼在當前的數位社會中，什麼樣的思維和溝通方式是自然的呢？可以肯定的是，低情境的溝通方式更適合如今的社會。因為它合邏輯，也具有合理性。此外，文字比語音更適合這種形式的溝通，因為數位化的特性就是詳細、明確地輸入想法，並希望按照程式設計系統原樣呈現。

在需要不斷溝通的職場中，細微的差異也會被放大。如果一個人習慣了簡便的即時語音交流，而不是用準確而詳細的文字交辦工作事項，那麼這種變化可能會讓他感到不便。當然，韓國職場一直以來也會透過電子郵件、工作指示和報告等方式來工作。從這個角度來看，對於習慣數位式思維的新世代來說，希望主管在口頭交代以外也透過電子郵件來傳達交辦事項，其實是合理的，因為這樣才能準確理解主管的要求。

但是，即使簡訊或即時通訊這樣的「數位式溝通」比「類比式溝通」更精確、清晰，還是無法取代日常生活中所有的語言交流，在職場上也是如此。那麼，準備迎接新世代的企業，該如何融合這些差異？

理解能力是比字彙量更嚴重的問題

二〇二〇年夏天曾經有過三天國定連假。媒體稱為「三天黃金連假」，但有些網友對媒體的用字提出了質疑，甚至引發熱議。這是因為在純韓語詞彙中，「三天」和「四天」這兩個字經常被混淆，提出質疑的部分網友其實是搞混了這兩者。

最近年輕世代的「文意理解能力」成了常見的新聞話題。「甚深」這個字的意思是「內心非常深刻而認真」，然而如今開始會有人把「甚深的道歉」誤解為「無趣的道歉」*。類似的案例屢見不鮮，包括將「死腦筋」誤解為「高深的知識」**，或是把「十分理解」誤解為「十分鐘內理解」等，這些情況經常受到討論。

隨著文意理解能力下降的爭議持續不斷，韓國總統公開表示：「我們必須提供能夠提高所有世代數位素養的系統化教育計畫。」於是在二〇二三年六月，國營電視台

---

* 譯註：「甚深」與「無趣」在韓文中發音、寫法均相同。
** 譯註：「死腦筋」與「高知識」的韓文發音類似。

KBS開始推動一項名為「拯救字彙危機！」的計畫。儘管國營電視台或政府並沒有公開針對「年輕世代」，但多數有關文意理解的爭議往往與他們有關，因此最終還是演變為針對「MZ世代」的攻擊。

這裡要釐清的是，「年輕世代的文意理解能力偏低」這樣普遍的看法是否正確？韓國教育部和國家終身教育研究所自二〇一四年起，每三年會發布一次〈成人識字率調查〉。根據二〇二一年發布的第三次調查結果，截至二〇二〇年，十八至二十九歲的文盲率（相當於小學一年級到二年級程度）只有四・七％。相對來說，六十歲以上的文盲率為三五・六％、七十歲以上為五八・九％、八十歲以上則高達七七・一％，顯示年齡層越高的族群，讀寫能力越低。

根據〈二〇二一年韓國全國閱讀調查〉，中小學生平均每年閱讀三四・四本書，是成年人（四・五本）的八倍。二〇二一年就讀中小學的這群學生出生於二〇〇二年至二〇一一年間，由此可知，二〇〇〇年代出生的人，是當前所有世代中閱讀量最大的。

經濟合作暨發展組織（OECD）有一項「國際學生能力評量計畫」（PISA），

每三年針對全世界十五歲青少年的學業成就表現進行調查，韓國自二〇〇〇年以來便持續參與。根據二〇一八年的調查結果，韓國的平均閱讀分數為五百一十四分，在所有調查國家中排名第五，而且比平均的四百八十七分高出二十七分。這也表示，在韓國，二〇〇〇年後出生的世代閱讀能力並不輸其他國家。

然而，二〇〇〇年至二〇一八年的七次調查結果（按照時間序列分析）顯示，自二〇〇六年以來，韓國「閱讀理解能力偏低」（低於「水準二」）的比例逐漸上升。尤其程度最低的「水準一」，人數占比從二〇〇六年的五．七％上升到了二〇一八年的一五．一％。表示在過去十幾年間，文意理解能力落後的學生，比例增加了三倍之多。

上述數據顯示，韓國文意理解能力偏低的學生不只比例上升，人口總數也比過去還多，但這不表示韓國的青少年識字率低。那麼，為什麼還是常常聽到「年輕世代識字率低」這個說法？針對這個問題，我們應該認知到，關於文意理解能力的爭論，有著時代和個人的差異。

「三明日」事件就是一個典型例子。二〇二三年，有人在Blind網站某大型企業的留言板貼文：「最近ＭＺ世代的字彙能力很差。我給他們資料，要求『三明日』完成，結果他們居然上網查這個字的意思。」「三明日」在韓文中指的是「從今天開始往後算三天」，也就是三天後。但這個詞過去本來就不常用，何況是現在。實際上，它或許是一個連老一輩的世代都不太熟悉的漢字詞。

我在二〇〇〇年底進入一家企業成為新員工。五月底小滿那一天，我無意間問了一句：「小滿是什麼？」隨即被前輩數落，說我明明讀到大學畢業，怎麼無知到連小滿是什麼都不知道。小滿是二十四節氣之一，時間在農曆四月，介於立夏和芒種之間；字面上的意思是「陽光充足，萬物逐漸生長茂盛」。但我們平時其實沒有太多機會去了解這些節氣。我只是因為不了解小滿的準確含義，就被批評為「沒有文學素養」、「愚昧無知的世代」。

近年來，有人認為當代年輕人的識字能力低落或字彙量不足，是因為缺乏漢字教育。然而，「年輕人不熟漢字」的說法，早在二十世紀初就出現了。根據連載於《京鄉新聞》的〈李基煥的痕跡史〉（이기환의 흔적의 역사），日本殖民時期簽署「三一獨

立宣言」的三十三位全國代表之一吳世昌（오세창）先生，在崔南宣（최남선）請他審閱「三一獨立宣言」文稿時，皺著眉頭嘖嘖稱奇地說：「現在的年輕人啊……」[33]。由此可見，「年輕一代識字率和字彙量低」的說法，其實並非客觀事實，而是基於老一輩的標準而做出的評價。

從更長遠的角度來看，「字彙量不足」可以透過學習來解決。大概沒有人這輩子從來沒有把「三天」和「四天」搞混過。不過即使搞混好幾次，只要經常用，就能記住。頻繁接觸並長時間學習就能提升字彙量，因此知不知道特定字彙的意思，其實不那麼重要。真正的問題在於「怎麼使用語言」。我們來看看KBS韓語運動「拯救字彙危機！」中的一個例子。兩個上班族在討論午餐菜單，A說：「今天的午餐未定。」B則驚訝地反問：「什麼？星期五要在中國餐廳『未定』吃飯*？」

當同事說：「今天的午餐未定。」此時如果公司附近有一家叫「未定」的餐廳，

---

*編註：「今天」和「星期五」、「午餐」和「中國餐廳」在韓文中發音類似，這段對話是利用這個特點來營造出牛頭不對馬嘴的效果。

可能就會讓人感到困惑。根據情況和情境，同一個詞可能會有不同的意思。因此像這種極端情況，當你回答：「什麼？星期五要在中國餐廳『未定』吃飯？」可能就會令人尷尬。

上述情境將問題定調為「字彙能力」，但我認為，真正的問題在於「理解能力」。如果「文意理解能力」的字面意思是「理解文字的能力」，那麼「語言理解能力」就是「理解他人話語的能力」。在上述案例中，即使你不知道「未定」的意思，還是能透過上下文認知到這個字指的是「午餐地點或時間尚未確定」。此外，雖然發音類似，但人們通常也不會搞混「今日」和「星期五」這兩個字。

韓文字彙中有很多漢字詞，因此即使發音相同，在不同的情況下，也常常會有不同的解讀。正因如此，我們自然而然地學會根據情境來判斷字彙的意思，也可以視為一種解讀類比訊號的能力。當然，如今文意理解能力已經不單純與字彙量有關，也涉及理解文字的目的和脈絡。所以我們才會用「文意理解熟練度」或「有效閱讀理解率」來描述，包括初級讀寫能力，也就是閱讀並理解文章，以及聆聽並理解語意的能力。

對數位ＡＩ人來說，字彙量不是大問題。即使還不知道會如何發展，但未來只要輸入資料，處理起來大概不會有問題。然而，由於語言這種類比訊號會因情況而異，所以不容易理解。對他們來說，最大的挑戰是培養迅速理解語言的能力。

第六章

人們正逐漸失去耐心

內容無限，但時間有限

動物園的柵欄通常用於拘束動物，也有助於保護動物免於某些危險。動物園裡的羚羊雖然無法自由地在草原上奔馳，但也不用為了躲避猛獸襲擊而拚命逃跑。現代人雖然享有比過去更多的自由，但很多時候也因科技和制度的限制而受到各種束縛，時間和空間上的限制就是最具代表性的例子。

過去，為了收看熱門的娛樂或電視節目，我們必須在播出時間守在電視機前。二十一世紀初網路普及後，在時間和空間上仍有著基本的限制。雖然當時透過電腦上網已經相當普及，但人們還是只有「坐在電腦前」時，才能自由進入網路世界。然而如今，人們無論是走在街上還是坐在馬桶上，都能完全享有上網的自由。

當然，在功能型手機的年代也可以用手機上網，但這種模式與透過桌上型電腦上網本質上不太一樣。而且在功能型手機年代，因為稍有不慎就可能收到鉅額的網路費帳單，用手機上網的行為多少還是會受限。某種程度上，這讓人們上網的自由受限，但反過來看，這也成為一種最低限度的防線，提供我們「可以不用上網的從容」。這道防線讓我們可以不用無止境地處於在線狀態，至少在走路時可以讓眼睛和肩頸休息片刻。

而如今，智慧型手機的出現卻打破了以上所有限制。人們手中一旦擁有功能強大的電腦，就不再受限於時間和空間。如今無論何時何地，我們都可以隨心所欲地享受影音內容或接收資訊。現在我們可以無限上網，不受限制地漫遊網路世界。YouTube、Instagram 和抖音（TikTok）上有無窮無盡的短影音在網路上流傳；OTT 業者像是Netflix，不再針對單一影視內容收費，而改以每月定額收費的訂閱制，讓用戶可以無限收看。對許多享有行動網路吃到飽的人來說，這無異於收到一封前往影音天堂的邀請函。

然而，這些人同時也正缺少一項資源，那就是「時間」。如今有數不清的內容供人們觀賞，但可用的時間卻沒有增加。有太多影片可看、有太多事可做，但一天實際上還是只有二十四小時。人們因此變得急躁，無限增加的影視內容和有限的時間之間差距越來越大，必須投入更多的時間才能追上。而投入更多時間的方法，就是提高時間的密度——即使投入相同時間，也要發揮更高效率。於是，我們的眼睛和雙手變得更加忙碌。

稻田豐史的著作《快轉看電影的人們：快速電影、劇透——內容消費的現在式》（暫譯，映画を早送りで観る人たち ファスト映画 ネタバレ——コンテンツ消費の現在形）描述了日本Z世代在OTT平台上看影片時會快轉的現象。書中提到，由於想看的作品太多但時間不夠，於是日本Z世代會用一．五倍速觀看影片，快轉看似不重要的場景，這種觀影模式對他們來說已經成為常態。

那麼，韓國Z世代是否也出現了類似的情況？我們先看一下〈訂閱制OTT影音內容使用行為調查〉的結果。這份問卷除了調查看影片時開啟韓文字幕的比例之外，也提出了「看影片時是否會開啟倍速」、「是否會跳過特定片段」等問題。

圖表五　看影片時會開啟倍速的受訪者百分比

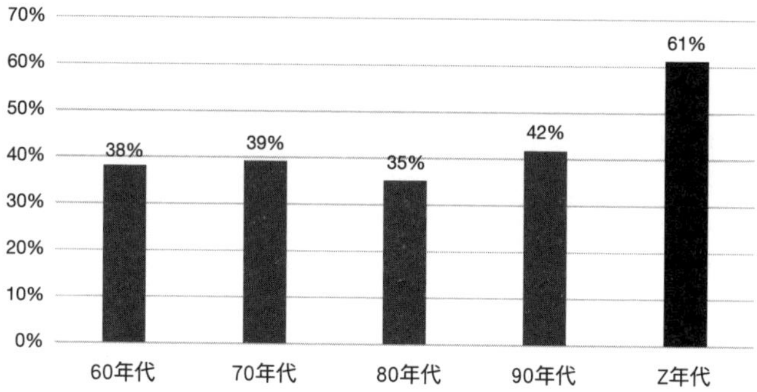

首先，調查發現，年輕世代看影片時開啟倍速的比例較高。整體來看，開倍速看影片的受訪者比例偏低，只有Z世代有超過六〇%的人會這麼做（圖表五）。對於「是否會跳過特定片段」的問題，整體而言占比相對較高，九〇後和Z世代都有接近七〇%的人會這麼做（圖表六）。對於上述提問，我們可以得出結論：越年輕的世代，習慣開倍速看影片的人越多。這正好反映了時下趨勢，隨著OTT影音日益多元，可供欣賞的內容增加，人們就想要快速觀看更多影片。

然而，《快轉看電影的人們：快速電影、劇透——內容消費的現在式》一書提出分析，那些想縮短時間、快速觀看影片的人也會想早點知道結局，

圖表六　看影片時會跳過特定片段的受訪者百分比

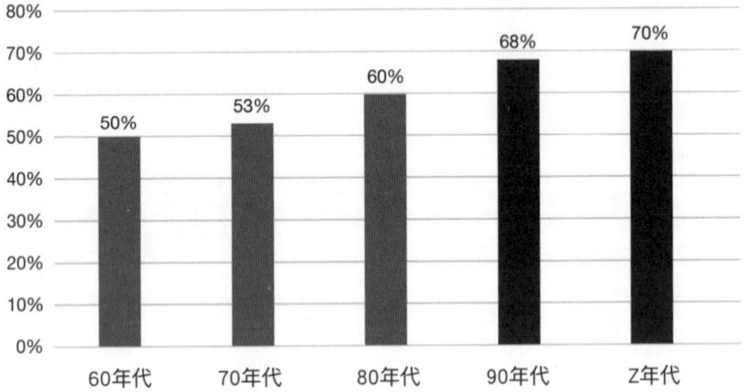

因此人們接觸劇透影片和影評網站的比例也在提升。這個結論讓我有點驚訝，因為再怎麼沒時間，我也沒想過人們會想提前知道一部電影或電視劇的結局。

因此，在〈訂閱制OTT影音內容使用行為調查〉中，也提出了「是否喜歡看劇透影片」的問題。結果與日本不同，韓國人無論哪個世代，都不會去搜尋可以知道結局的劇透影片（圖表七）。綜合來說，雖然韓國觀眾也有在看影片時提高時間密度的傾向，但並未出現想要提前知道結局的速食式消費現象。

「快電影」，也就是快速概述電影劇情的短片，確實越來越受歡迎。但是喜歡看「快電影」

表七　不看劇透影片的受訪者百分比

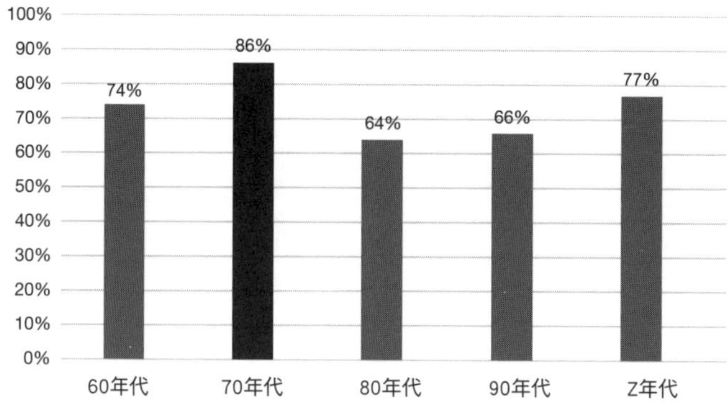

的人認為，這和找劇透是兩回事。二〇〇四年生的金東進（김동진）在 YouTube 上訂閱了多個電影評論類型的頻道，他表示：「對於想看的作品或熱門的電視劇，我不會刻意去看評論，因為想親自感受故事的結局。但因為沒有時間看完所有電影和電視劇，對於還不錯的作品，我通常會去看一些講解劇情概要的短片。如果在短片中發現感興趣的作品，我就會去找來看。」

換句話說，「快電影」之所以受歡迎，是因為這是探索過程的一部分，人們試圖在諸多內容中尋找值得一看的作品。而這一切也與新的煩惱有關，也就是「要看的東西實在太多了」。這種因為可選擇的影片太多而無法決定要看什麼的傾向，被稱為「Netflix 症候群」（Netflix Syndrome），主要指「花在選影片上的時間比看影片的時間更多」這個現象。

必須在有限時間內密集消化影視內容的情況下，決定要看哪部電影或電視劇的思考時間變長，瀏覽選項的時間也比實際收看的時間還要多。而伴隨選擇而來的倦怠也造成了負面影響，人們對於要接收哪些內容，變得猶豫不決。

如今媒體和輿論熱議的話題，汰舊換新的速度也變得更快。例如，不久前人們才在好奇《黑暗榮耀》（더글로리）的主角會如何復仇，沒過兩天大家的注意力就已經轉移到《假面女郎》（마스크걸）劇中人物的變態行為上。比起作品本身，有些人可能對時下熱議的內容更感興趣。因此，如今人們仍然會花時間瀏覽 Netflix 的人氣排行榜，了解當下受歡迎的是哪些影片。

無處不在的比較心態

二〇〇五年，社群媒體和 Buddy Buddy 等通訊軟體中突然出現一個新興用語「媽

朋兒」，意思是「媽媽朋友的兒子」，通常指的是功課好、會運動、長得帥的人生勝利組，只要被拿來和他們比較，就會讓自己渾身不舒服。二〇〇五年十二月，作家Worny在Naver網路漫畫《暗室狂想曲》（暫譯，골방환상곡）中以「媽朋兒」為題材，使這個用語開始廣泛流行。「媽媽朋友的兒子」是無數韓國子女在被母親責罵時再熟悉不過的經典台詞，因此這個用語獲得了許多的共鳴。

就這樣，似乎會出現在生活周遭的「媽朋兒」開始在媒體上廣受討論，不過人們更關心家世背景，而不是功課好或會運動等個人能力。例如，當時常常在文章標題看到「原來他是大企業富三代的媽朋兒」這種說法。

到了二〇一〇年代，「媽朋兒」一詞迅速被「金湯匙」這個用語取代。「金湯匙」這個流行語源於英文慣用語「嘴裡含著銀湯匙出生」（born with a silver spoon in his mouth）。二〇一〇年代，「湯匙階級論」一詞開始流行，用以指稱那些因為父母有錢而不必為錢煩惱的子女。

二〇〇〇年代流行的「媽朋兒」和二〇一〇年代流行的「金湯匙」，這兩個詞指涉的對象有一個共同點，就是「相較之下讓人們羨慕的人」，只不過比較的範圍有所差異。「媽朋兒」一詞僅限於自己和自己身邊的熟人，「金湯匙」的比較範圍則無限擴大，甚至超出比較者自身的生活環境。

在當時流行的社群媒體上也能看到這樣的差異。自二〇〇〇年代中期開始流行的社群交友網站 Cyworld，在當時引領了韓國的網路文化。到二〇〇〇年代後期為止，Cyworld 已經擁有超過四千萬名用戶，成為最受歡迎的網路社群，普及了「迷你我」、「橡實」、「一寸留言」等具代表性的經典文化。這個象徵著二十一世紀的平台，甚至吸引了當時的名人和政界人士加入。

Cyworld 有許多類似入口網站的功能，但核心在於「迷你窩」，也就是一種專門用來建立社交圈的服務。透過迷你窩能看到的內容有限，因為通常會先和自己身邊的朋友建立平台上的好友關係，再透過所謂的「衝浪」，將社交圈擴展至朋友的好友。當然也可以透過這種方式和陌生人建立好友關係，但多數人在 Cyworld 上的好友都是現實生活中已經認識的朋友。換句話說，Cyworld 就是彼此認識的人將現實中的關係轉移到網路上，它看似是個開放的網路社群，實際上卻相當封閉。

因此，人與人之間相互比較的範圍比現在小得多。Cyworld 上的「迷你我」雖然是線上版的「我」，但並不是複製自真實的自己。儘管用戶會透過儲值將迷你窩裝飾得非常華麗，但人們不會把它視為財富的象徵。這一切都只是為了讓人們頻繁造訪迷你窩，來自他人的羨慕並不會轉移到網路以外的現實生活中。

然而如今以 Instagram 為代表的社群媒體，情況已經大不相同。雖然 Instagram 也可以設定「不公開帳號」，只向自己的追蹤者展示帳號內容，但預設功能仍是公開帳號。自己追蹤或追蹤自己的帳號可以無限增加，而且多數人都會去追蹤他人，即便那些並非現實生活中認識的人。此外，即使沒有追蹤他人，也可以透過搜尋欄或演算法接收到無數資訊。這就是為什麼 Instagram 被視為與 Cyworld 不同的開放式社群平台。

接觸更多資訊和其他用戶，代表「可比較對象」的範圍擴大了。我們的確處在資訊的汪洋中，但同樣地，這也是一片讓人們相互比較的汪洋。在 Instagram 這個無邊無際的世界裡，有無數含著金湯匙出生、看起來無比幸福的人，有各種我們從未嚐過的食物，也有現實生活中從未見過的俊男美女。當我們在這些內容當中越陷越深，好不容易掙扎著將目光從螢幕上移開時，視線所及的只是一個相形失色的現實世界。

勞動市場上資歷豐富的就業人口流動也與這樣的變化有關。一般來說，在勞動市場上，公司是勞動力需求者，勞動者則是勞動力供給者。這種想法並沒有脫離現實，因為公司提供薪資和福利就是為了購買勞動力。也因此，企業會評估提供勞動力的人員素質，並支付相對應的報酬，留住有能力的員工。

現在，我們也可以反過來思考這個結構。如今，一家公司可能成為員工們購買的「職涯規劃產品」。在勞動市場上，勞動者也會挑選幾家公司進行評估，判斷哪個產品能提供他最高的薪資和最好的福利、進一步為職涯規劃加分，最後再選出最適合的公司。當然，是公司先選擇勞動者，勞動者才能選擇公司，但在最後階段，合約之所以成立，關鍵還是在於勞動者而非公司。勞動者在收到錄取通知後可以反悔，法律上不會有什麼問題，但如果公司在通知錄取後反悔，必然會引起糾紛。

如今，勞動市場出現了根本上的轉變，勞動者的選擇範圍比過去更大。十年前勞動者離職後，找新工作的範圍往往侷限於相同產業。例如，對於在ＳＫ海力士工作的員工來說，離職後的求職範圍通常侷限於同產業的三星電子半導體部門。但是現在人們已經能接受跨領域轉職，只要職務和工作內容適合，即使不在相同產業也願意嘗試跳槽，成功轉職的案例也不少。例如，曾在ＳＫ海力士工作的開發人員可能會考慮轉職到任何有相同職務的地方，像是Naver、Kakao、Line、Coupang和Baedal Minjok等企業。

依照市場原則，在供給不變的情況下，當需求增加，供給的價值就會上升。這讓勞動者可以大幅提升自己的價值，另一方面，企業則面臨勞動力流失的更高風險。尤其在開發人力持續短缺的資訊科技產業，對人才流失的擔憂只增不減。如果將這樣的趨勢解讀為「年輕世代的價值觀就是容易跳槽、快速辭職」，顯然並未捕捉到全貌。因為真正造成改變的關鍵，在於「可比較的範圍已經無限擴大」。

當新型態媒體拉近普通人與名人之間的距離

在一場為地方居民舉辦的講座中，有一位目測約二十幾歲的年輕人在會後問答時間提出了他的煩惱：「為什麼我不能像Oking一樣積極活躍？」這個煩惱的核心在於，他想表現得像「人氣王」，但是他從小個性內向，要他積極主動、表現活躍，並沒有旁人認為的那麼容易。此外，他也對於自己無法像Oking那樣積極活躍感到自責。不過，這個問題其實並不是什麼新鮮事。

Oking是一九九三年生的網路主播，在Twitch上擁有八十幾萬粉絲，YouTube頻道訂閱數則超過一百三十萬。他個性幽默風趣、充滿喜感也極具親和力，只要觀眾抖內（donate）贊助，還會用膝蓋跳滑步舞作為回饋。他就是個典型的「人氣王」，也是年輕世代熱烈追捧的網紅。

在演講後提問的年輕人，為什麼要將自己與網路直播界的名人進行比較？他的煩惱一如我和身邊的朋友們年輕時經歷過無數次的煩惱，但包括我自己在內，周圍沒有人會將自己與名人進行比較。例如，我想變得開朗，也苦思過很多方法，但我從來沒有想過：「為什麼我不能像盧弘喆（韓國藝人）那樣正面積極？」

二十世紀後期，管理學家湯瑪斯·戴文波特（Thomas H. Davenport）和社會學家查爾斯．戴伯（Charles Derber）等人開始研究注意力經濟（attention economy），並主張「注意力」已成為企業生存、創造獲利，乃至整個社會生活的關鍵變數。二十一世紀後，「注意力」這種資源已經成為最重要的價值，不僅對商人如此，對全世界的人們亦然。

注意力經濟的靈感來自認知心理學家、諾貝爾經濟學獎得主司馬賀（Herbert A. Simon）提出的「資訊豐饒」概念。他曾說：「資訊的豐饒造成注意力貧窮。」（A wealth of information creates a poverty of attention.）隨著全球正透過社群媒體和智慧型手機進行著數位轉型，這句話的真實性變得更廣為人知。

如今人們可以隨時隨地輕鬆獲取豐富的數位資訊，但專注力卻越來越貧乏。為了爭奪這些有限的專注力，來自四面八方的競爭也日益激烈。如今，人們的注意力是推動世界發展最強大的力量，同時也是最稀缺的資源。即使在今天跨國企業仍在尋找最刺激、最簡便的方式，試圖吸引人們的目光。

此外，並非只有企業在爭奪人們有限的注意力，現在連個人也紛紛加入這激烈的競爭之中。當然，這得歸功於 Google、Meta、抖音等巨頭為了將自身利益最大化而打造出的全新協作商業模式。企業把透過平台賺取的利潤分給影視內容創作者，形成一套永續發展的經營模式。在二〇〇〇年代初期，那些純粹為了興趣或喜好而創建「使用者原創內容」（user created content，UCC）的人意識到，當他們獨特的說話方式、行為、興趣或品味在感知上有其觀看價值（perceived watching value），讓人們願意花時間關注，他們就可以創造收入。

一如現在的藝人，過去若是成為明星、藝人這樣的知名人士，就可以賺得荷包滿滿。但那時，名人和普通人之間彷彿矗立著一堵高牆。為了越過高牆，當時人們成為名人的途徑十分有限，必須透過電視台舉辦的海選，或是在街頭被星探挖掘，才有辦法進入演藝圈。在這種情況下，普通人和名人之間感覺距離十分遙遠。

然而，現在任何人都可以透過 YouTube、AfreecaTV 和 Twitch 等平台，在網路上開直播或在影片中演出。只要有觀看價值、有收視率，誰都可以成為名人。日子一久，人們開始覺得電視上的名人並非活在不同世界，名人和普通人的距離越來越近。尤其對

Z世代來說，YouTube的影響力非常大。自從他們出生、開始建立自我認知以來，與生活息息相關的YouTube拉近了名人與普通人之間的距離。老一輩常常把YouTube歸類為新媒體，習慣將它獨立於電視或廣播等傳統媒體之外，但對Z世代來說YouTube並非僅是一種新媒體，更是具壓倒性地位、理所當然存在的主流媒體。

如今任何人都可以在YouTube創建頻道並上傳影片，這個趨勢已勢不可擋，使它在所有媒體中占有絕對優勢。也就是說，任何人都可能成為名人。現代藝術大師安迪・沃荷（Andy Warhol）曾經說過：「在未來，每個人都能成名十五分鐘。」不過，從現今的情況看來，這句話似乎應該改成「任何人都能在十五分鐘內成名」。

但任何人都可能成名的現實，也可能阻礙我們的發展。查爾斯・杜伯（Charles Dubber）認為，流行文化和消費主義使人們產生過度的欲望。隨著名人與普通人之間的差距縮小，過於渴望吸引他人注意力很容易產生偏執的念頭。當人們看到一個不比自己優秀的人一夕成為明星、過著名利雙收的生活，便容易陷入一種迷思，除了「希望躋身網紅之列」以外，逐漸無法思考其他生活方式。

在這個普通人與名人之間的界線薄如紙的世界，人們的比較心態就更為強烈。現在，人們不再只與身邊的人進行比較，範圍甚至擴大到可以輕易在社群媒體上看到的名人。即使完全沒想過成為名人，當人們看到社群媒體上的自己昨天和今天都沒什麼不同時，也會開始感到焦慮，覺得好像應該證明什麼。這就是現代人的新煩惱。因此，對於在 YouTube 和社群媒體強勢主導下成長的 Z 世代來說，產生「想要像 Oking 一樣積極活躍」的念頭，是非常自然的事。

社群時代人人都有的個人檔案

說到這裡，或許可以引用已退役的蘇格蘭足球教練亞歷克斯·佛格森（Alex Ferguson）所說：「社群媒體是對生命的浪費。」然而，即使我們不使用 Instagram 之類的社群媒體，也無法擺脫「無限比較的地獄」。因為我們還是會使用其他類似的服務，例如 KakaoTalk*。

二〇一〇年 iPhone 全面上市後，韓國三家電信業者紛紛擴大自己的 Wi-Fi 區域，甚至開放給其他電信公司。網路資費方案也變得多元合理，不再像功能型手機時代那麼嚇人。到了二〇一〇年，進一步推出了無線網路上網吃到飽方案。此後，曾經是手機主要功能之一的簡訊，很快就被 KakaoTalk 取代。

KakaoTalk 和簡訊本質上沒有差異，都用於訊息傳輸，但簡訊缺乏「個人檔案設定」這個重要功能。KakaoTalk 用戶可以自己上傳大頭貼，也可以在個人檔案設定狀態消息。用戶當然也可以只用系統預設的大頭貼或不設定狀態消息，就像 Cyworld 時代有些人不裝飾迷你窩，只保留初始設定。但是，即使不設定個人檔案，其他人的個人檔案也會無可避免地出現。KakaoTalk 的好友名單現在就像 Instagram 的動態消息，讓人不知不覺地與他人進行比較。

在《你與你的個人檔案》（暫譯，*You and Your Profile: Identity After Authenticity*）一書中，作者漢斯・喬治・梅勒（Hans-Georg Moeller）和保羅・德安博羅西奧（Paul J.

＊ 編註：在韓國被廣泛使用的通訊軟體，類似台灣人常用的 Line。

D'Ambrosio）指出，「個人檔案身分認同」已成為人們生活中的一部分。在我們使用某些技術（尤其是社群媒體）來宣傳自己、獲得他人的認同或管理自己的名聲時，會透過個人檔案來呈現自己。他們表示，這種「自我型設」（profilicity）已經成為主導現代社會的身分認同。

回顧日常生活，我們會發現帶來這種自我型設的特殊技術，幾乎已是當代生活的必需品。即使不使用Instagram等社群媒體，人們也很難擺脫「個人檔案身分認同」的束縛。例如，如果在KakaoTalk上使用預設大頭貼，人們往往會將其解讀為「分手後感到孤單或想要遠離塵世」。如果因為不在乎個人檔案而故意使用預設大頭貼，反而可能會被認為是想透過這種行為證明自己的「嘲諷者」。即使是誇口絕不開通社群媒體帳號或不使用KakaoTalk的人，最終還是會建立一份個人檔案。

說到這裡，可能會有人提出批評，認為可以任意編造的個人檔案不能反映真正的現實。然而，個人檔案是否屬實並不重要。幾乎沒有人認為他人的個人檔案完全屬實，重點在於向他人展示的個人檔案是否符合自身想要呈現的形象。個人檔案身分認同正是在這種默契之上被建構和消費。

但問題就出在這裡，真實的個人和個人檔案的先後順序開始顛倒。我們面臨的情況是，個人檔案無須真實地描述自己，而是我們必須按照個人檔案所呈現的方式行事。

自我型設並非對身分認同的真實性進行道德判斷，而是關於身分認同的形成、呈現方式及隨之而來的效果。因此，我們需要的不是真正的個人檔案，而是實際策劃、表達並呈現某些事物的「個人檔案策展（curation）」。此時，身分認同已不再是向外表達已經存在的本質，而是必須根據個人檔案策展的結果來進行展演。

但是仔細想想，這種展演不僅複雜、累人，也剝奪了完全做自己的自由。這種行為讓人把自己丟進「無限比較的市場」。一旦進入個人檔案的世界，就失去了以真實面貌生活的自由，也失去了不去觀看他人生活的自由。這甚至要付出代價，因為我們需要在上面耗費時間和注意力，而這些正是當今最寶貴的資源。

邁可・桑德爾（Michael Sandel）在其著作《成功的反思：混亂世局中，我們必須重新學習的一堂課》（*The Tyranny of Merit: What's Become of the Common Good?*）的結

尾說道：「富人和窮人一整天都不會相遇。」他們有各自不同的生活方式，在不同的地方工作、有不同的娛樂和生活，所以不會相遇。然而，這種說法似乎無法完全反映當代社會。富人和窮人或許不會在現實生活中見面，但他們可能每天都在網路上相遇。

透過這些新竄起的「網紅」，我們開始對過去無從得知的富二代生活有徹底的認識。即使沒有關注他們，也可以藉由搜尋關鍵字或演算法的推播來窺探他們的人生。有些人過度低估線上體驗，認為那些都是虛假的，也認定線上體驗永遠無法取代網路之外的實際體驗。然而這些都是老一輩的狹隘觀點。隨著新媒體出現，網路文化早已快速轉移至傳統媒體。

如今，許多網紅在Instagram上傳以豪華公寓為背景的照片，畫面角落還隱約可見奢侈品。《訂閱、按讚、開啟小鈴鐺》（暫譯，구독，좋아요，알람설정까지）一書的作者鄭延旭（정연욱）將那些透過炫富來尋求認可的人歸類為「物質主義者」。看見網路上的同齡人每天肆無忌憚地炫耀財富和幸福，有時能成為鞭策我們前進的動力，但有時卻適得其反地揭露我們遠不如人的內心世界。

第三篇

Z世代三大特質

第七章

特質一：超合理

是傑出，還是過度？

先前我們探討了韓國社會如今的變化與時代特徵，並非針對Z世代，而是針對他們即將步入的社會與時代背景。時代與世代相互依存、互有關聯，也彼此影響。由於人們深受環境所支配，所以隨著時代變遷，生活其中的人們自然而然也會受到影響。然而，即使是身處同一時代的人們，彼此之間也有時差，每個世代都有各自的特質。Z世代也是如此。他們出生的二十一世紀，韓國已經躋身已開發國家，他們在高品質的環境中成長，接受最多的教育，也取得最佳的學術成就。

不僅如此，出生於九〇年代的人直到成年才開始使用智慧型手機，但Z世代大多從嬰兒時期就開始體驗包括智慧型手機在內的數位文明。他們的適應與應用能力比其他世代還要出色，也習慣了數位世界的規則，擁有強烈的權利意識，拒絕與所付出的努力不成比例的不合理報酬。他們適應當前變化的速度比如今任何世代都更快。當我們用「傑出」來形容某事物，通常代表我們認為那是優秀的。然而隨著程度不同，傑出也可能變成一種過度。我們在先前的段落中探討過僵化固執的「極致類比人」和一板一眼的「類生化人」，就是因為思維方面「過度類比式」或「過度數位式」而出現的副作用。

Z世代可能比他人更出色，但也可能一不小心就出現過分的行為。我將從本章開始，解析Z世代的三大特質，以觀察這個世代的二元性。

以界線分明的方式看待世界

「合理」在字典裡的意思是「符合理論或道理」。一般來說，我們會用「合理」來形容不受偏見或情緒左右、理性做出選擇的行為。在哲學中，「合理」代表著符合邏輯原則或法則的狀態；而從經濟學的角度來看，「人類在蒐集和分析資訊後，做出效用極大化的選擇」，就是合理的行為。

從這一點來看，Z世代極為理性。他們所處的數位世界提供了大量的資訊，讓他們能夠做出更合理的選擇。他們從出生的那一刻起，就身處一個可以利用搜尋功能大量獲取資訊的世界。因此，比起單純的個人主張，他們更講求事實；比起固守傳統或名分，更注重實際利益，也習慣盡可能避免損失或吃虧。對一個理性的人來說，寧願不當好人，也無法接受自己成為冤大頭。

這樣看來，做出合理選擇似乎沒什麼特別的，但是如果來到所謂的「超合理」，也就是「極致合理」的程度，情況就不同了。我們來看以下案例。

二〇一九年七月，日本首相安倍晉三對韓國的主要出口產品實施管制，其中包括半導體。韓國社會因此對日本製品爆發強烈的抵制，以拒買日貨的「No Japan運動」作為對出口管制的抗議。然而到了二〇二三年，《鈴芽之旅》、《灌籃高手 THE FIRST SLAM DUNK》等日本動畫電影襲捲韓國，收穫極佳的票房；朝日啤酒「Asahi Super Dry極泡罐」等日本產品也在年輕人之中大受歡迎。媒體因此將二十幾歲的年輕人稱為

「Yes Japan 世代」，刊登了具批判意味的報導。

二〇〇一年出生的金周漢（김주한）看了《灌籃高手》漫畫很多次，最近也會買朝日生啤酒來喝，但是他認為自己被稱為「Yes Japan 世代」是很荒謬的事：

「我看《灌籃高手》不是因為喜歡日本，而是因為這部漫畫很有趣。會買朝日生啤酒，也不是因為我是日本啤酒的狂粉，只是覺得開罐時有很多泡沫湧出來很神奇。」

二〇〇二年出生的李娜萊（이나래）也有類似經驗。她認為，消費部分影視內容和歷史問題是兩碼事。韓國蓋洛普（Gallup）於二〇二三年三月針對「日本殖民統治時期強制動員受害者第三方補償方案、韓日關係走向、日本政府對過去歷史的認知」進行了一項調查，在十八到二十九歲的受訪者中，有五九%反對「第三方補償方案」。而有七四%表示，日本加害者企業對未來世代的代償捐贈並非補償；有七四%的人認為，如果日本不改變態度，就沒必要急著改善韓日關係；八八%的人認為，日本政府沒有對歷史進行反省。東亞研究所於二〇二〇年發表了一份報告，標題為〈韓日關係世代分析：青年世代（MZ 世代）眼中的韓日關係〉。其分析指出，韓日兩國民眾會將對方國家的

人民與領導階層分開來認知，這種現象在年輕世代尤為明顯[34]。

以Z世代為代表的當今年輕人，不認同無條件反日，也不認同無條件親日。他們傾向將文化和歷史分開，以平衡和理性的方式做出判斷。以《鈴芽之旅》為例，雖然導演新海誠是日本人，故事背景也設定在日本，但這部片遠非一部帶有扭曲史觀或反韓情緒的作品，因此年輕韓國觀眾並不這麼在意導演的國籍[35]。

充滿人情味的時代已經過去了嗎？

二〇〇七年第十七屆韓國總統大選，大國家黨*二號候選人李明博（이명박）的電視競選廣告描繪了以下情景。一個下雪的夜裡，一位中年男子走進湯飯餐廳，正在熬湯的店主歐巴桑隨興地和他打招呼：「大半夜的，怎麼來了？餓了嗎？」接著她端出一鍋湯飯走近男子，連珠炮似地吐出一連串狠話：「你們每天就是白費力氣打架鬧事。哎呀，我們光是賺錢養活自己就快累死啦！再一碗飯？多吃點，你這小子！」這則廣告至今仍被視為最成功的競選廣告。然而，現在已經不常看到廣告裡這種刀子嘴豆腐

心的歐巴桑了**。

過去，韓國各地的老餐館都有不少刀子嘴豆腐心的歐巴桑，影視內容也常看到這類題材，例如情境喜劇《順風婦產科》（순풍산부인과）、電影《老小姐日記》（올드미스 다이어리），甚至是促銷廣告等。

如果用理性來思考，愛罵人的歐巴桑餐館是相當奇怪的組合。通常，我們付錢消費不會預期受到尖酸刻薄的謾罵。當然，其他國家也有措辭粗俗或言論激烈的餐廳，像是芝加哥知名的熱狗特色餐廳 Wiener's Circle，不僅因為熱狗美味而聲名大噪，也因員工粗魯的服務風格而聞名。這裡的員工會對上門的客人大聲喊叫、辱罵，公然貶低他們。

但這和韓國那些愛罵人的歐巴桑還是有點不一樣。因為在這家餐廳裡，不只員工可以罵客人，客人也可以罵員工，因此常有顧客專程來看客人和店員互相飆罵的場面。那

---

* 編註：韓國保守派右翼政黨，現已解散。

** 我們也需要思考為什麼沒有「愛罵人的歐吉桑餐館」或「愛罵人的阿姨餐館」這種地方，而只有「愛罵人的歐巴桑餐館」。據說，對韓國人來說，「愛罵人的人」（욕쟁이）這個詞唯一不帶貶義的指涉對象只有歐巴桑。

麼，為什麼韓國人會去愛罵人的歐巴桑餐館用餐，即使被罵也不會回嘴呢？

高麗大學心理系教授許泰均在 tvN 綜藝節目《不知不覺成為大人》（暫譯，어쩌다 어른）中，以「重感情」的概念說明了這個現象。通常人們是因為看不到對方心裡的想法，才會依據行為來判斷。但是，比起行為，韓國社會更想確認的是一個人的真心。在這樣的背景下，之所以在餐館裡被歐巴桑罵也沒關係，是因為感受到這份責罵背後的真心和以愛為出發點的關心。

也有分析認為，這與韓國人多元包容的靈活性有關。多元包容的靈活性是一種不對任合極端價值做出極端判斷的心態。也因此，韓國人不願意放棄任何相悖的價值。「家常菜」就是一個很好的例子。雖然親自下廚很麻煩，但因為是為家人特意準備的，所以也充滿感情。反之，在外用餐雖然方便，卻很難從中感受到情感。這兩者是兩極化的價值與感受，基本上無法兼得。但韓國人不想放棄任一邊的優點，因此愛罵人的歐巴桑餐館既可以提供在外用餐的舒適，也能讓人在被歐巴桑碎碎念時，感受到有如在鄉下的奶奶家裡吃家常菜的親切感。

然而，我們很難期待Z世代能這樣重感情，或擁有多元包容的靈活性。他們對家常菜和外出用餐的期待相當明確。對他們來說，家常菜只是一頓簡單的飯菜，在外用餐則是一筆用自己的錢購買服務的交易，而這場交易不包含帶著感情的咒罵。

二〇一九年SBS綜藝節目《白種元的巷弄食堂》（백종원의 골목식당）裡有一個這樣的例子：節目裡餐廳老闆端上一盤炸豬排給看起來像學生的顧客，隨口用非敬語叮嚀了一句「好好吃飯」。然而，這句話讓他在網路上引發惡評。這是因為，雖然這位老闆沒有罵人，但他使用非敬語，對Z世代而言這不是接待客人應有的言行。

如果上述「重感情」的默契在這裡依然成立，那麼顧客八成可以理解老闆這句話是出於善意、希望顧客可以好好吃飯，而不會將焦點放在「非敬語」。但是對如今的年輕世代來說，這些隱藏在話語背後的意圖並不重要。因為他們看見的不是餐廳老闆的真實心意，而是他展現出的言語和行動。

重視理性的世代與先前探討過的「原則至上的世界」相關。重感情或具有多元包容的靈活性屬於「靈活變通的世界」，「自然而然接受理性選擇」則屬於「原則至上的世界」。在原則至上的世界裡，可以對客人使用非敬語的歐巴桑和同年齡層的餐廳老闆是兩種完全不同的存在。歐巴桑是歐巴桑，老闆就只是老闆。

Z世代生活在原則至上的世界，我們無法期待他們也展現出韓國人多元包容又自相矛盾的一面。也許正因為如此，現在越來越難找到愛罵人歐巴桑經營的餐館，「愛罵人歐巴桑餐館」也越來越少出現在媒體上*。

把世界數字化後加以平分

由韓文哲（한문철）律師經營的「韓文哲TV」在YouTube上被譽為「傳奇頻道」。之所以說是傳奇，是因為這個頻道介紹了各式各樣的交通事故，而且許多都具有爭議性。然而這個頻道成立的初衷，並非以獵奇心態向大眾展示怵目驚心的事故畫面，而是如頻道簡介的第一句所說，是要「由專業律師明確分析每起交通事故的究責比例」。

這個頻道的前身，是二〇一三年至二〇一六年在SBS播出的《韓文哲律師的幾比幾》（暫譯，한문철 변호사의 몇 대 몇）。這個節目不僅會公開行車紀錄器裡的事

故影像，也會讓專門處理交通事故的律師用精準的數字來分析究責比例。現在，越來越多人試圖將世上所有事物都以明確的數值表示，有人稱之為「韓文哲方法」。這種方法是如今過度追求合理性的Z世代基本的生活態度之一。

過去我們常在餐廳櫃檯前看到人們搶著結帳。在大家一起用餐的情況下，如果有人站出來付清所有人的餐費，以經濟觀點來看，其實是相當不合理的行為。研究韓國人主體性的犬宮義行教授也認為這相當特別。他在著作《韓國是主角們的國家，日本是配角們的國家》（暫譯，주연들의 나라 한국 조연들의 나라 일본）中表示，之所以會有這種行為，是因為韓國人個個都想當主角，並透過請客來讓他人感受到自己的存在。他將韓國的「請客」與日本的「平均分攤、各付各的」（割り勘）進行比較，認為韓國的交換概念是以長期、垂直的人際關係為前提，而日本的交換概念則是以短期、水平的人際

* 有人會以二〇一八年綜藝節目《白種元的三大天王》（백종원의 3대천왕）裡的平昌洞歐巴桑來反駁。然而，節目中愛罵人的歐巴桑並不是真的愛亂罵人，而更像是「表現出愛罵人的樣子」。真正愛罵人的歐巴桑是一看到人就開罵，但這位歐巴桑只會在合適的情境下適度說些罵人的話。

關係為前提。

但是並不是每個韓國人都會賭上性命請客。在朋友等水平的人際關係中，長期以來一直有著平分帳單的AA制文化，稱為「N分之一」（N빵）。這種將總金額依照人數分攤的做法似乎比較合理，然而「極致合理」的做法卻不止於此。Z世代的AA制涉及更詳細的計算。例如，餐會上如果有喝酒，餐費會分為酒水的費用和配菜的費用。如果有人不喝酒，只需按照比例支付食物費用即可，無須支付酒水費用。雖然這種情況還不普遍，但人們至少已經認為現有的AA制不夠公平。只要事前說好，與會者基本上可以接受。當然，老一輩的人可能不太能接受這種做法。

非線性消費的誕生

二〇二三年有一篇名為〈現在的孩子都AA制〉的貼文成為社群網路的熱門話題。該貼文作者說：「五名學生坐在餐廳吃飯，只有四個人在吃，另一個人只是在旁邊看。」他看不下去，就買了東西給那個人吃。留言區對此出現了激烈的爭論，多數人認為：「朋友之間這樣也太沒有感情了吧？」

但是，對Z世代來說，這並不是在排擠誰，而是一種新的AA制文化。不是因為沒有錢所以朋友不理他，也不是因為沒有錢而挨餓，有可能單純只是因為吃飯時間剛好不想吃飯而已。留言區甚至有人說，那位學生可能只是把飯錢省起來去做別的事。

老一輩傾向將收入和消費理解為一種線性模式。如果有人不吃飯餓肚子，就會被認為是「窮人家的孩子」，在高級餐廳吃西餐的人則會被認為是「有錢人家的孩子」。但說不定後者其實只是用省吃儉用存下來的錢，去享受一頓昂貴的餐點。

出生於七〇年代的金相圭（김상규），擔任板橋一家中堅IT企業的執行長。最近，他看到一位年輕員工購買了最新款的iPhone、MacBook和iPad，以為那位員工過得還不錯。他坦言，當他得知那位員工的家庭其實並不富裕時，他大吃一驚。

或許多數老一輩在遇到這種狀況時，會認為這是一種不合理的消費習慣。但令人驚訝的是，對Z世代來說，這可能沒什麼大不了。因為他們認為的理性消費，不是每個人都被某條線牽在一起的線性消費，而是把資源集中在自己想要的東西，也就是「非線性消費」。

新韓信用卡（Shinhan Card）大數據研究所分析MZ世代消費文化時，也發現了「該省就省，該花就花」的非線性消費模式。二〇二三上半年，使用新韓信用卡在便利商店消費的用戶中，有六二%是出生於一九八〇至二〇〇五年間的世代，這些人僅占總人口的三二．五%[36]。他們比其他世代更常光顧便利商店，消費金額卻很低，代表他們經常在便利商店精打細算地解決一餐。相反地，他們在高爾夫球、網球等嗜好，以及按摩、照相館等「自我贈禮」方面的消費與過去相比出現了爆炸性成長*。

那麼，撇除過度節省或揮霍無度，非線性消費模式就沒有問題嗎？事實上，這種消費型態如果沒有經過詳細的規劃，很容易讓自己陷入窘境。因為這很容易導致追隨潮流的非理性消費，而非基於明確喜好或信念的消費。高爾夫球就是一個具有代表性的例子。高爾夫球過去被認為是貴族運動，隨著球場增設，加上社群媒體作為傳播管道等時空背景，高爾夫球逐漸成為年輕世代的新寵。根據韓國休閒產業研究所統計，韓國打高爾夫球的人口約有五百一十五萬，其中二、三十歲人口有一百一十五萬左右，占了大約二〇%。

打高爾夫球雖然也會消耗體力，但很少有人打高爾夫是為了追求運動效果，終極目標大多是進行正式的比賽，以及拍下自己在球場上的英姿。但在球場上打球需要各式各樣的開銷，包括給球童的費用、踩踏草坪而產生的果嶺費（green fee）；若在球場上使用球車，也需要支付球車費。如果只是因為追隨潮流而打高爾夫球，在收入無法支持的情況下，恐怕很難維持這項興趣。事實上，新冠疫情之後，二手交易網站上常看到年輕世代以低價出售當初高價購入的高爾夫球具和服裝。

合成謬誤和坍場的甜甜圈

做出極致合理的選擇，從個人角度而言或許並非有害。但是，如果社會中的每個人都試圖做出極致合理的選擇，會發生什麼事？經濟學裡有一個名詞叫做「合成謬誤」

* 相較於二〇一九年，二〇二二年使用信用卡的消費類型，花在高爾夫球場的金額增加二〇二%，網球場增加三三六%，自我贈禮增加六四%。

（fallacy of composition），是指所有人都試圖做出對自身而言合理的決定，最後卻導致了不合理的結果。以家庭儲蓄為例，在收入不變的情況下，如果家庭減少支出，儲蓄就會增加。單一家庭的支出減少，對整體經濟而言影響微乎其微，而且該家庭的收入也不會因此減少。然而如果所有家庭都減少支出，消費市場就會受到影響。消費者的支出會轉換為供給者的收入，如果所有家庭都降低消費，那麼收入也會隨之減少。在經濟不景氣的情況下，如果人們熱衷儲蓄，將會使經濟衰退加劇，甚至最終可能導致儲蓄崩潰。這就是所謂的「儲蓄悖論」。

更廣泛的合成謬誤則發生在消費市場。如果每個人都做出極致合理的選擇和行動，特定產業可能因此瓦解。因新冠疫情而陷入危機的產業不是只有一、二個，其中有傳言說韓國電影產業已面臨存亡關頭，而電影產業的核心危機在於票房下降。在韓國電影產業中，電影院營業額的貢獻占比相當高，二〇一九年達到七五%。在這種情況下，電影院營業額的斷崖式下跌會讓產業整體利潤大幅減少[37]。雖然疫情期間，Netflix 等 OTT 平台迅速竄起，但這對電影產業的影響卻極其有限。

二〇一九年韓國電影院營業額達一兆九千一百四十億韓元，其後短短一年就驟降至五千一百〇四億韓元，二〇二一年也維持在相同水準，可見新冠疫情顯然帶來了劇烈的衝擊。隨著二〇二二年四月社交隔離措施解除、疫情進入地方性流行階段，業者預期消費者將因先前的壓抑而產生報復性消費。然而，根據韓國電影振興委員會發布的〈二〇二二年韓國電影產業結算〉，二〇二二年電影院營業額為一兆一千六百〇二億韓元，僅為二〇一九年的六一．六%[38]。

營業額的復甦其實也只是假象。以人數來看，二〇二二年累計觀影人數為一億一千二百八十萬人次，是二〇一九年新冠疫情爆發前的四九．八%，連一半都不到。至於觀影人數與營業額之間的落差，則是來自電影票價上漲。當外部市場狀況導致銷售額驟減時，企業通常會以漲價為因應措施。新冠疫情爆發以來，韓國電影院三度調漲票價，與疫情前相比，最多漲了四千韓元，漲幅與二〇〇一年至二〇一九年這十八年間的漲幅相同。

根據韓國電影振興委員會統計，二〇二一年電影票價相較於二〇二〇年上漲了一二・三%，是同期消費者物價指數（consumer price index）漲幅三・六%的三倍多。這就是為什麼有人抨擊，即使考量到貨幣貶值和通貨膨脹等因素，韓國電影票的價格漲幅還是高得驚人。

相關業界認為，這是新冠疫情影響下必然的結果。但根據〈Focus 二〇二二：全球電影產業趨勢報告〉，二〇二一年韓國電影票價相較於二〇一九年的平均漲幅為一八・一%，遠高於相同期間英國（一一%）、法國（九・二%）、美國（四・八%）和日本（四・一%）的漲幅[39]。

票價在短時間內大幅上漲，讓「超合理」的年輕世代客群流失。過去，在電影票價不到一萬韓元的時期，人們常去電影院消磨時間。然而，在需要支付高額票價的情況下，人們最終會認為「如果不是經典名作，去電影院看電影就是浪費錢」。

Netflix 等影音串流平台的成長也促成了這種觀念的轉變。現在，每個月只要花費大約一萬韓元，就可以隨時隨地無限觀看電影。在這種情況下，用訂閱影音串流的月費去電影院看一場電影，就成了「不合理」的選擇。而且，在電影院上映的電影通常只要再過幾個月，就可以在影音串流平台上看到。現在人們會在電影院裡觀看的，大概只剩下IMAX或4D格式的超級英雄動作片，以及少數如果不趁上映時趕快看，就無法跟上話題的熱門電影。

演員河正宇（하정우）和朱智勳（주지훈）在歌手成始璄（성시경）經營的YouTube頻道中，談到他們主演的電影《贖命救援》（비공식작전）票房意外失利。河正宇說，有很多觀眾對電影的評價是「平淡無奇」、「沒有優點也沒有缺點」，但這其實是好事，因為代表每個人都能輕鬆欣賞這部電影。儘管如此，票房還是很難開出紅盤。朱智勳表示：「我不明白票房為什麼這麼差。如果影評或觀眾的評價不好，我會想『是因為我們在各方面都表現不夠好，所以才演變成這樣』，但是現在的情況，我實在想不通。」《贖命救援》原先設定的損益平衡點是五百萬人次，然而最終官方統計的觀影人次只有一百萬人。

反觀收視群鮮明、觀後感好惡分明的電影，其實也不一定會成功。與《贖命救援》同日上映、製作費高達二百八十億韓元的動作鉅片《逃出寧靜海》（더문），其CG

特效的高完成度被譽為韓國電影史上巔峰之作。但另一方面，也有觀眾對過於露骨、煽情的韓式新派電影表現出強烈的厭惡。也就是說，這部電影評價相當兩極*。《逃出寧靜海》最終的觀影人次為五十一萬人，甚至不到損益平衡點六百萬人次的十分之一。

歸根究柢，無論是優缺點分明，還是找不到優缺點，新冠疫情以來電影票價的上漲，已經導致一些「還不錯，但不是非看不可」的電影被冷落。這種現象如今也可見於一般零售市場。

在我居住的弘恩洞，有一個砲放址市場（포방터시장）。在綜藝節目《白種元的巷弄食堂》介紹了這裡的幾家餐廳之後，這個平時很安靜的市場一度變得熱鬧起來。其中，引起最大轟動的是一家豬排店。白種元（백종원）在節目中親自到這家店品嚐炸豬排和咖哩，隨後給出了極高的評價：「我不需要給什麼建議吧？」「我敢保證，這裡就是韓國的炸豬排天花板。」並且首次沒有在節目中檢視廚房。節目播出後，吸引了包括知名藝人和 YouTuber 在內的眾多食客上門光顧，大家讚不絕口。這家炸豬排店因此一夕之間成為全國知名的美食餐廳，砲放址市場也擠滿了來自全國各地的訪客。

我從來沒有去過這家店，因為同一區也有很多不錯的炸豬排店。但幾年後，那些口碑還不錯的炸豬排店都關門大吉了。而那間人氣餐廳在搬到濟州島後，至今仍然門庭若市。我要說的是，在餐飲市場，大多數口味和價格都還算合理的餐廳正面臨危機。當消費者在熱門的高人氣餐廳和新開的快閃店前排隊等候時，那些人們過去也經常光顧、「吃起來還不錯」的餐廳，卻一家接著一家地消失。

如今，各行各業都出現了空洞化現象。「都市空洞化」〔又稱逆都市化（counter-urbanization）〕通常是指「城市中心的常住人口減少，出現人煙稀少的空置現象」。這種現象不僅發生在電影產業等影視內容市場，也發生在一般消費市場。當然，「成者為王，敗者為寇」以及差距不斷拉大的兩極化現象，過去也都曾經出現。但是，當時那些表現還不錯的多數競爭者並沒有因此潰散消失。

---

* 從韓國三大影院平台上的評分可以看出觀眾對電影好惡分明。《逃出寧靜海》的Mega Box評分為八．四分，與《贖命救援》的八．六分差距不大。但將影評分為好評與負評的CGV金蛋指數為八四%，與《贖命救援》的九五%相比，顯得較低。

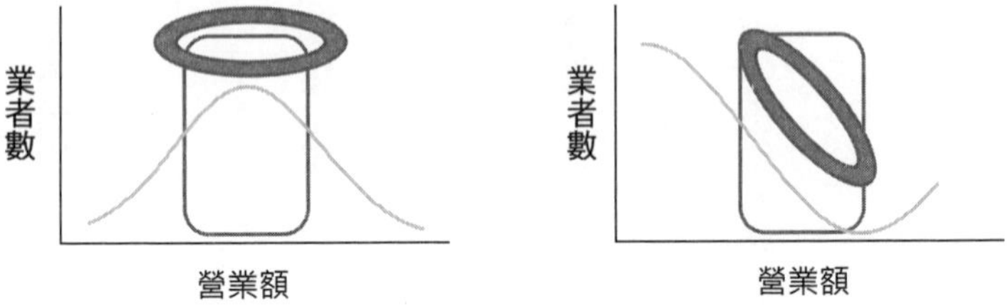

現有消費模式（常態分布）　　新消費模式（空洞化）

圖表八　坍塌的甜甜圈

都市空洞化也被稱為「甜甜圈效應」（donut effect），因為市中心的空洞就有如中間開了一個洞的甜甜圈。如果現在「消費空洞化」的現象也像都市空洞化那樣左右平衡，就不會有太大的問題。然而，「超合理」的消費選擇帶來的卻是失衡，創造出極少數的贏家和絕大多數的輸家。於是，市場的甜甜圈正逐漸坍塌（圖表八）。

空洞化不僅僅代表某物的核心區域是空的，也代表「應該存在的東西消失了」。支撐產業的主要參與者，正面臨充滿不確定性的未來。對韓國電影產業的投資逐年減少，因為大多數電影都無法達到損益平衡，入不敷出。許多電影的利潤大幅下滑，有九十幾部已經投入數十億韓元資金的韓國電影甚至沒有機會上映就慘遭束之高閣。由於資金長期無法回收，對新作品的投資自然隨之停滯。製片公司大規模投資後再連本帶利回收資金的良性循環，正因為極致合理的消費傾向而被打破。

執導《神偷大劫案》（도둑들）和《暗殺》（암살）的崔東勳（최동훈）導演，在二〇二三年三月由韓國電影導演協會主辦的活動中，對此表達了擔憂：「我不害怕現在，而是害怕未來。沒有觀眾，市場就會萎縮，產業風險提升，世界上沒有任何一家公司會投資成功機率渺茫的電影[40]。」

在缺乏資金、即使成功上映也難保達到損益平衡的情況下，眾多演員、導演、編劇、工作人員紛紛跳槽到影音串流平台。隨著市場崩潰，網路協定電視（internet protocol television，IPTV）等次級市場的銷售額也跟著下滑。即便如此，電影下檔後的窗口期（也就是電影在電影院上映和在其他平台上發行之間的時間間隔）變得越來越短。

最長期的負面影響是，如此一來電影產業將很難發掘並培養新人才。此外，由於電影產業持續低迷，人們對獨立電影的關注也逐漸消退[41]。商業電影製作數量銳減，新演員、導演和編劇的機會也快速消失。Netflix 等影音串流平台上不斷湧現原創內容，但大多是來自已經活躍一段時間的導演，以及演技已受肯定的演員。對他們來說，市場的變遷是另一個機會，但對新人而言，立足之地卻逐漸縮減。

極致合理的消費模式帶來的各種副作用正在發酵，但這個問題不能歸咎於任何人。人們只是想精準地做出最好的選擇，而且這種模式未來也不太可能改變。只不過，當所有人都做出極致合理的選擇，也將導致所有人陷入共同的危機。

最終，我們只剩下兩個選項：不是克服，就是消失。

第八章

特質二：超個人

Z世代是個人主義者嗎？

二〇二〇年，有個頻道製作了一系列體驗韓國海軍特戰部隊訓練的網路節目《玩具士兵：假男人》（暫譯，가짜 사나이），是MBC綜藝節目《真正的男人》（진짜 사나이）的搞笑版。這個節目成為二〇二〇年YouTube上最受歡迎的影片，也誕生了許多令人印象深刻的流行語，「個人主義」（individualism）就是其中之一。

「四號閒著沒事。四號沒有團隊精神。四號是個人主義。四號只為自己著想。」第一期教官李根（이근）上尉譴責一位不認真參加小型橡皮艇訓練的學員，說他是「個人主義」。但是，在整個團隊必須共同努力的情況下，沒有一起出力其實不算是個人

主義，而是「利己主義」（egoism）。

個人主義顧名思義就是重視個人的立場，利己主義則是不考慮他人或社會的利益，只追求自身利益的思維。個人主義不僅重視自己，也重視包括他人在內的每一個個體。因此，理解並接受他人的處事態度才是個人主義的本質。如果硬要說利己主義是個人主義，那也只能算是為所欲為、無視他人權利的「假個人主義」。

問題是在我們的日常生活中，個人主義和利己主義其實不容易區分。個人主義雖然知道個人是權利、義務、行為、責任主體的基本單位，但社會上普遍有著「太嚴重的個人主義會演變成利己主義」的想法。

此外，韓國傳統的企業文化較接近「集體主義」，因為集體的利益或目標往往高於個人。相較起來，剛進入企業的新世代可能看起來更關心自身而非集體利益，因此對老一輩來說，就更難區分新世代究竟是個人主義還是利己主義。

現今韓國社會認為年輕世代自私、老一輩固守集體主義的刻板印象仍不斷強化。年輕員工開始反對以往被視為理所當然的做法，例如上司下班後才能下班，或是年紀最小的員工要在公司餐會上負責烤肉等。結果，年輕世代被認為是「不為組織著想」的利己主義者，世代衝突日益增加。隨著「MZ世代」這個神奇用語的出現，一個非常適合傾瀉負面刻板印象的框架就此誕生。於是，在關於世代衝突的講座上，我最常聽到的問題大多類似：「現在的年輕人是不是太過個人主義了？」

如果現在有人問我：「Z世代是個人主義者嗎？」我會毫不猶豫地回答：「是的。」不過，我隨後會反問：「但是老一輩的其他人不也是個人主義者嗎？」

重視個人價值、尊重個人權利和自由的思考模式，原本是出生於一九七〇年代的X世代最主要的特質。此外，一九八〇年代以「三八六世代」*為代表的眾多民主化運動、反戰運動等，也可以視為以個人主義為基礎發展起來的。由於極權主義意識型態認為「犧牲個人，成全集體利益」天經地義，因此為了反對這種極權主義意識型態，「個人主義」在近代誕生，所以每個生活在近代以後的人都可以說是個人主義者。

* 譯註：即六〇年代出生、八〇年代上大學、九〇年代進入三十歲的世代。

一九九四年九月十七日，《MBC新聞平台》（MBC 뉴스데스크）有一段採訪，記者詢問受訪女子是否會介意他人的目光，女子回答：「不會，我一點也不介意。我想穿什麼就穿什麼，這樣穿讓我心情很好。」這個場景創造了X世代具代表性的「心情好到不得了」迷因。X世代通常被認為重視個性、不在乎他人看法、重視個人自由權利。到了二〇二〇年代，X世代已經成長到足以擔任企業要職的年齡，但在踏入社會的初期，他們可能是那些重視個人而非集體的人之一。

然而，X世代的這種個人主義，卻被「二十世紀公司」擋了下來。在KBS網路新聞頻道播出的〈現在難以想像的九〇年代公開招募面試課〉（暫譯，지금은 상상도 못 할 90년대 신입공채 면접 클라스）影片中，可以看到X世代競爭激烈的一面。為了通過面試，有人才藝表演，有人跳迪斯可（disco）。最令人震驚的是，有人為了留下深刻印象，甚至一進到面試的房間就向面試官跪拜行大禮。

進入職場之前，X世代重視個人的個性和權利超過一切。然而實際工作時，他們不得不迅速適應組織中的集體主義。這無關意願或誠意，只是當時的時代氛圍讓他們必須如此。如今已成為老一輩的X世代其實可能更接近個人主義者，只不過具體展現這種價值觀的時代尚未成熟。如果當時他們在工作上毫不掩飾地表達個人想法，肯定無法承受所有隨之而來的壓力。

當我在二〇〇〇年代後期開始進入職場時，也遇到相同的情況。個人在組織利益之前，根本不可能公開要求自身權利或表達自己的價值觀。我認為人們傾向個人主義的心態，無論是過去還是現在，都沒有不同。只是，一如作家禹晳熏（우석훈）的書名《民主止於公司門口》（暫譯，민주주의는 회사 문 앞에서 멈춘다），個人主義也止於公司門口，或者說，根本是停在門口。

現在，時代已經成熟。我們迎來了Z世代。作為分針的世代與作為時針的時代終於相遇，我們正活在以個人為中心的時代。

個人保護主義的誕生

tvN二〇二二年播出的週末連續劇《我們的藍調時光》（우리들의 블루스）中，車

勝元飾演一名四十多歲的中年男子崔漢修（최한수）。他是一家之主，不菸不酒、擅長各種家務，臉上總是掛著親切的笑容，在大家眼中是熱情又老實的上班族。他深愛著妻子和女兒，想要支持有高爾夫才華的女兒寶嵐（보람）實現夢想。他送女兒出國學習高爾夫，自己則留在韓國工作賺錢。赴美留學的寶嵐，國中時在高爾夫上的表現一向名列前茅，但進入高中後一落千丈，排名在職業第二級。雖然就此放棄很可惜，但是讓女兒繼續留學的費用太高，教練費、住宿費、比賽經費等，實在吃不消。崔漢修在十九年前提前挪用七〇%退休金買房，二年前又把住了許多年的首爾公寓賣掉，即便如此，這些錢也快用完了。就在這時，他被調到老家濟州島擔任分行經理。他想辭職，又覺得不妥。為了籌措二億韓元的留學經費，崔漢修放下了自尊，甚至向老家的朋友求助。此時，女兒在一通視訊電話中向他說出了隱藏已久的想法：「爸爸……我不打高爾夫了。現在打高爾夫一點也不開心。」

當用心養育的心肝寶貝想放棄一生追求的夢想或辭去難得的工作時，韓國的父母會有什麼反應？過去，我們往往會聽到「你當初努力了多久才進這家公司的」、「再堅持一下吧」、「世界上沒有不辛苦的工作」、「再忍一忍，好日子會來的」之類的典型回應。

然而，如今Z世代的子女可能會從父母那裡聽到不同的答案，像是「覺得辛苦就不要做了」、「既然不想做，不要勉強自己」、「你真正的感受才是最重要的」。在《我們的藍調時光》中，漢修和妻子面對想要放棄高爾夫的女兒，給出的回應則是：「妳一定吃了很多苦吧，妳辛苦了。」

隨著Z世代誕生，韓國出現了「自尊教育」這種新的教育方式。「自尊」是自我尊重的縮寫，指的是對自己的正、負面看法，對自我的滿足或好感程度，或是透過與他人比較而產生的自我價值等心理狀態[42]。在韓國，自尊通常被視為一種「認為自己有價值、要好好愛自己」的感受。

西方社會率先將自尊教育視為重要價值。一九七〇到一九九〇年代，有報告指出，家庭的溫暖支持會對兒童的自尊產生正面影響。於是，政府和家庭開始重視自尊的養成。此後，「自尊運動」（self-esteem movement）開始廣泛推動，「培養孩子的自尊」

成為許多西方家庭的熱門話題。在二十世紀的韓國，自尊同樣備受重視。不過，要到二十一世紀初，「自尊教育」才開始成為政府政策和學校教育的重要課題。在二〇〇〇年代，韓國政府擔心青年自殺率和憂鬱症比例提升，開始推動促進心理健康和福祉的政策。經過這般努力，二〇一五年修訂的教育課程開始將培養學生的自我尊重和自我認同作為跨領域課程的目標。

有大量研究顯示「高自尊的學生，學業成績也高」，這個研究結果大幅推動了自尊教育的普及。也就是說，培養出高自尊的孩子，正契合所有韓國父母的隱藏目標，也就是培養出「功課好、會讀書」的孩子。加上自二〇〇二年起，超低生育率世代出現，有二名或二名以上子女的「多子女家庭」數量減少，獨生子女比例提升*。上述這些二十一世紀的變化帶來了「必須照顧自己身心」的強烈信念。因此Z世代的個人主義，實際上更接近「個人保護主義」的概念。

在成長過程中，家庭教育與社會環境讓人們深刻地意識到「保護自己」比什麼都重要。但這不代表要自私地只為自己著想。在自尊教育下成長的世代，也會將同儕納入自己保護的對象。因此，儘管不是自身的遭遇，他們也善於理解那些受到不公對待的同儕。對他們來說，自己之所以沒有遭受這種發生在他人身上的不當對待，或許只是因為幸運。如果造就不公的制度或環境持續下去，自己總有一天也可能成為下一個受害者。這種行為其實和個人主義的本質很相似。正如前面的段落所說，個人主義的概念並非只重視自己，也重視包括他人在內的所有個體。

直到不久前，韓國社會中老一輩的世代仍無法完全理解這種世代變化，也無意嘗試理解。例如，當二〇一八年平昌冬季奧運推動「女子冰球南北韓聯隊」時，其中的不合理程序受到年輕世代批評，政界卻斥責他們是「因缺乏適當的統一教育而迅速淪為保守的MZ世代」。但年輕世代是因為認為這項決策無法保護那些努力爭取國家代表資格的球員，才會提出抗議。對於正在進入職場的Z世代來說，這個原則同樣適用。他們身上帶著一種「不能受到不當對待」的防禦本能。

* 截至一九九〇年，有二名子女的韓國家庭占九〇・一%。然而二〇〇〇年後，多子女家庭的比例明顯下降，代表獨生子女的比例提升。

然而，從組織的觀點來看，以個人為中心的組織仍然不受歡迎。正如漫畫《灌籃高手》中安西教練所說：「球隊不是為了你而存在，相反地，你是為了球隊而存在。」企業終究不是為了服務組織成員而存在。

Z世代與組織之間正是在這個方面產生了衝突。以個人保護主義武裝自己的Z世代與企業之間總是隱藏著無形的衝突種子，而這個過程中，最重要的是區分「個人保護主義」與實際上會損害組織與社會的「利己主義」。

柳勇旭（유용욱）從事餐飲業工作，經常與Z世代在業務上打交道。他目前擔任Imok Smoke Dining（原柳勇旭燒烤研究所）所長，在工作中可以徹底區分個人主義和利己主義。他接受年輕一代的個人主義傾向，也不期待員工有使命感或忠誠度。但他依然會理性地評價工作態度，如果員工不積極、不認真或不圓融的行為對組織溝通產生負面影響，他會堅決制止，並給予適當的懲罰。透過這種方式，他將個人權利與工作職責徹底區分開來，進一步培養出與新世代共事的默契。

關係主義中的集體主義者與個人主義者

在跨文化心理學（cross-cultural psychology）中，文化大致上分為個人主義和集體主義[43]。基於這個分類，重視個人自由、權利和偏好的西方文化被視為個人主義的代表，反之，韓國、日本和中國等東亞國家，則被視為集體主義的代表。

許多研究並沒有拋開這種「東、西方二分」的觀點[44]。這可能是因為過去在西方心理學家眼裡，東、西方的文化有著明顯的差異。但是，即使同樣屬於東方文化，韓國、日本和中國也各自具有不同特色。

高麗大學教授許泰均在 tvN 綜藝節目《不知不覺成為大人》中表示，韓國文化不是集體主義，而是「關係主義」。對韓國人來說，組織內部的關係比組織本身更重要；比起組織或公司這樣的大型體系，和身邊的同事、主管以及下屬之間的關係更為重要。我認同這個觀點。在韓國文化中，我們深受周遭與我們關係密切的人影響。當一個人認知到自己正在為某家公司工作，比起該公司在業界的地位、經營方針或老闆的屬性，自己對所屬團隊領導者的看法更為重要。人們辭職的原因也是如此。即便有人認為人們是因為公司太差才辭職，但實際上，人際關係才是更常見的原因。

截至今日，對韓國人來說，公司仍不僅是「在一定時間內提供勞動力後獲得相應報酬的地方」，會這麼認為的原因是，人際關係在其中扮演了很重要的角色。上班族在公司與同事相處的時間，往往比在家與家人相處的時間還要長。在實施每週五十二小時工作制之前，甚至可能在公司待上更長的時間。過去之所以常見「公司像大家庭」這種說法，就是因為人們花很多時間與同事相處。

這種關係主義已經發展成韓國社會獨有的集體主義。一般而言，跨文化心理學所說的集體主義，是一種重視群體的和諧，強調對群體的義務、責任和犧牲的文化，而非以個人的自由、獨立和權利為優先。但是對韓國上班族來說，自身團隊的和諧往往比整個公司的和諧更重要。例如，他們不在意不見人影的董事長是否已經下班，但如果直屬主管下班時間還在座位上，就必須格外留意。另外，在公司聚餐時，團隊成員會一起舉杯高喊：「我們是外人嗎？」這樣的口號，意思不是「全公司上下都支持我們」，而是「在場的我們不是外人」。

當同事都在工作，年輕世代的員工卻在完成分內工作後馬上下班，對這種情況有微詞的人，其實不是因為工作或規則本身，而更像是基於一種失望的情緒。因為認為大家都在同一個團隊裡一起工作，怎麼可以有人先下班離開。

那麼，這是否代表「完成分內工作就先行下班」的Z世代，不具有韓國特有的「關係主義傾向」呢？並非如此。即使是如今的Z世代，也受這種關係主義文化影響。他們和老一輩一樣注重周遭的關係，也重視透過互動和交流獲得他人的認可。

前鋒孫興慜（손흥민）和後衛金玟哉（김민재）是韓國如今最知名的兩位足球員，在球場上負責重要位置。二〇二二年卡達世界盃，兩位球員都在韓國隊晉級十六強的比賽中扮演了重要角色。然而，兩位球員曾一度傳出不和的傳聞，起因於金玟哉在社群媒體上「取消追蹤」孫興慜。二〇二三年三月，韓國國家隊於熱身賽落敗，金玟哉在接受記者採訪時表示：「我很累，短時間內，我想把精力集中在俱樂部的比賽，而不是國家隊的比賽。」在此次採訪引發爭議之際，孫興慜在自己的社群媒體上表示「很榮幸能入

選國家隊」。隨後，有網友發現金玟哉「取消追蹤」孫興慜，使爭議進一步擴大。

在社群媒體上，只要一個按鍵就能取消追蹤其他人的帳號，無須任何特殊程序。但在韓國社會，這個單純的動作卻備受關注，因為大家認為這個行為隱含著一種「斷絕關係」的極端含義。「取消追蹤」在其他國家鮮少引起爭議，但韓國人會糾結於這個行為，甚至出現過度敏感的反應。無論是名人之間，抑或是要好的朋友之間，在社群媒體上「取消追蹤」都可能帶來強烈副作用。

這是韓國社會獨有的關係主義從現實生活中延伸到網路上的結果。事實上，不僅是取消追蹤，執著於在社群媒體上「互相追蹤」，也是同樣的道理。如果追蹤對方，對方卻沒有回追，這個行為在韓國相當於「沒有禮貌」。

而在公司這個地方，人與人之間的關係屬於有限的離線群體。對老一輩來說，公司在生活裡占據的分量很重，這一點毋庸置疑；而在這裡建立起的人際關係或許也是獨一無二的。然而，對於在同一家公司工作的Z世代來說，在公司內部形成的關係相對來說可能沒那麼重要。歸根究柢，這是「範圍」和「重要性」的問題。

對某些人來說，公司是他們奉獻一生的地方，但對某些人來說，公司則是每天付出八小時的勞務後獲取相對應報酬的地方。進一步來說，如果對「終身僱用」不抱期待，就不認為有必要太在意公司內部的關係，因為效益不高。

與公司不同，人們在社群媒體上花心思建立的人際關係卻是每天二十四小時不間斷的。這類關係不受垂直權力關係影響，長期而言維持起來比較輕鬆。而且，在社群媒體上建立的關係網絡，有機會在注意力經濟中轉換為未來的收入來源。「網紅」正是透過這種方式獲取收益，即便他們並非出現在主流媒體上的名人。這就是為何他們如此重視社群媒體上的關係。

《朝鮮日報》委託 Tillian（틸리언）對二千九百二十五名成年人進行問卷調查，結果顯示，認為「社群媒體上的人脈比現實人脈更重要」的受訪者中，二十幾歲（二一．二%）和三十幾歲（一六．四%）的比例高於四十幾歲（一三．七%）和五十幾歲（九．二%）[45]。

這樣的改變並不一定表示我們必須重新建立人際關係。但我們要接受一個現實，那就是如今公司或組織內部關係的重要性，相較於過去已不可同日而語。如果我們有區分個人主義和利己主義的洞察力，能看見線上關係的重要性正不斷提升，就能更敏銳地感受到當今時代和世代的變化。

當極致個人主義變成極致自我主義

具有「超個人特質」，也就是「極致個人主義」的Z世代認為，在社會上人與人之間的關係基本上是平等的。尤其Z世代，即使面對比自己年長的人，也認為自己與對方是成年人之間對等的關係。

偶像女團LE SSERAFIM成員金采源（김채원）在網路綜藝節目《Workman》（워크맨）的「斷食院（단식원）篇」中擔任嘉賓，主持人張聖圭（장성규）為了避免誤會，在開場白中客氣地說：「為了工作起來大家都開心，我們說話就不要太拘謹了，自在一點。」金采源接受了這項提議之後，也提出想要「自在一點說話」的要求，並對較年長的張聖圭使用了非敬語。

以上場景是節目裡一段小插曲，沒有必要太認真，但我們可以從中察覺到一個重大改變。成年人的聚會中，過去只有長輩可以「自在地說話」（也就是不使用敬語），但現在，在未經他人允許的情況下，無論是誰似乎都不再能「自在地說話」。

那麼，如果是明確具有上下級關係，或甲乙方關係成立的情況下，也是一樣嗎？我們來看下面的例子。二〇二〇年，七十歲的A某走進江南區一家便利商店，用非敬語和店員說要買菸。二十幾歲的店員B某在結帳時也對A某使用了非敬語，卻因此激怒了A某。面對憤怒的顧客，B某毫不退縮地表示是A某先使用了非敬語。A某隨後持續辱罵，B某於是報警，最後警方以涉嫌公然侮辱為由將A某移送法辦。

這件事的判決結果如何呢？一審和二審都認定A某「公然侮辱」成立，判處五十萬韓元罰鍰[46]。七十幾歲的被告A某表示，自己在社會上受到尊敬，也在職場上領導部門下屬。他為引起爭議道歉，但也呼籲大家考慮他的感受。他的辯護律師表示，被告是在訓誡對方對長輩說話不用敬語，過程中雖然言辭激動，但並不違反社會規範，因此對於未能獲判無罪感到遺憾。

事實上，我們應該關注的不是侮辱罪是否成立，而是法院對「非敬語」的評價。一審判決中表示：「雖然被告是為了得到受害者的尊重，但被告也必須尊重受害者。」並指責道：「以年齡較長為由使用非敬語與受害者交談，在受害者回以非敬語後，被告持續以非敬語回應並辱罵對方，這顯然不是健全的社會風氣可以接受的表達方式。」這表示，即便對方年齡或層級比自己低，無論如何對陌生的成年人使用非敬語，就是不尊重對方的表現。因此，「對成年人說話要用敬語」不再只是單純的禮儀問題，而是社會公認的原則。

但問題依然在於「超出適當的限度」。二〇二〇年，韓國大學生線上論壇「Everytime」上出現了一篇以〈新生扭曲的魄力〉為題的貼文，文中附上了一張教授和學生在群組內的聊天紀錄截圖。大致的內容，是教授以簡短的非敬語回應學生的提問後，學生也以非敬語回覆教授。教授很驚訝，詢問學生為何不使用敬語，隨後學生也反問教授為何沒有用敬語。對那位教授來說，他不認為自己對學生使用非敬語有什麼不對；然而學生則認為，自己在學生之外也是個成年人，因此需要被尊重，況且對方並非他的指導教授，他們此前甚至完全不認識，所以不能直接這樣使用非敬語。

不幸的是，一個以個人權利為最優先考量的極致個人主義社會，終究會催生出自認個人權利就是一切的人。也就是先前的章節中探討過的，擁有極致數位式思維的「類生化人」。他們不會將正當的個人主義誤認為利己主義，反而認為利己的信念就是個人主義。在我們面臨諸多矛盾與衝突時，必須進行全盤思考，考量整體的狀況。但是他們卻只想到「自己的損失」。

社群媒體上流行的「痛快說出來」也可以視為類似的心理。認為自己「只是講話比較直接」的人，通常是將自己的自私當成所謂的正義感。他們不顧他人的利益和權利，只想將自己的立場強加在別人身上。這種扭曲的正義感雖然能帶來一時的痛快，但長遠來看卻是害人害己。

諺語「只知其一，不知其二」非常適合用來形容這種極致的利己主義者。他們認知中的「一」就是經濟利益，由於對他們來說金錢是唯一的動力，只要沒有直接的經濟損失，什麼都無所謂。「Everytime」論壇上那篇貼文中，學生即使對教授使用非敬語，也不用擔心因此被打低分或被退學，加上當時受新冠疫情影響，遠距教學也讓學生幾乎不會與教授碰到面。然而，世界上不是只有經濟利益。人們為了生存，需要各式各樣的資本。即使極致利己主義者不會馬上蒙受經濟損失，但長遠來看，很有可能受到社會排斥。

Community-X 執行長全正煥有一本著作名為《社群資本論》。這裡所說的「社群資本」，是透過個人與社群、社群與社群之間相互建立關係來創造價值，形成良性循環的資本。廣義來說，它與社會資本相似，只不過社會資本指的是關係網絡，社群資本則是動態的概念，各個社群透過連結與融合，不斷被積極發現與創造[47]。

社群資本基本上是建立在人與人之間的信任和「先付出」（give first）之上。但極致利己主義者不可能做到這件事，於是他們無法累積信任資本，社群範圍逐漸縮小，並漸漸地不再屬於任何社群。

第九章

特質三：超自主

從「主體性」到「自主性」

根據愛德華．德西（Edward L. Deci）和理查德．萊恩（Richard Ryan）於一九七五年提出的「自我決定論」（self-determination theory，SDT），人類擁有自主性、歸屬感和能力感這三種基本需求，當這些需求被滿足，才能過上令人滿意的生活。在這三種需求中，最核心的是自主性，當它受到損害或無法被滿足時，人類就會感到不快樂。

對於韓國人的傳統評價是主體性大於自主性。如果說「自主性」是指按照自己的原則或決定來做某件事或控制自己，那麼「主體性」則是希望成為影響他人或社會的主體，而不是受他人影響的對象。

文化心理學家韓敏（한민）博士等人在二〇〇九年對韓、中、日三國大學生構成「自我概念」的心理要素進行了研究，結果顯示，與中國人和日本人相比，韓國人在自我決定方面的自主性較低，而在「確認和擴大自身存在感和影響力的主體性」上則顯著較高[48]。自主性和主體性的共同點在於對決策權的渴望和掌控感。自主性高的人只要對自己的決定感到快樂就覺得足夠，主體性高的人則需要不斷展現自我，並擴大自己的存在感和影響力。

先前提過的「請客」就是最能清楚展現這種主體性的例子。這不僅僅是「我來付錢」，也可以視為「炫耀自身影響力」的行為。事實上，過去有不少人會這樣做。「為善不欲人知」對愛請客的人來說可不是什麼美德。

但對Z世代來說並非如此。不過這不代表他們絕對不會為別人買單，只是他們不會刻意透過替別人付錢來確認自己的存在價值。如果真的有人請客，炫耀這件事也會被認為很幼稚。對Z世代來說，低調結帳然後閃人才更酷。當然，這也不是說他們完全不會想要向別人炫耀。只是現在，比起在社群媒體上高調炫耀，低調暗示才是趨勢。比如說，如果有人買了名牌車，相較於直接上傳新車照片，他們更傾向在照片裡悄悄露出方向盤上的品牌標誌。

如今Z世代不再試圖透過「你知道我是誰嗎？」這種話來強調自己的存在感，他們需要的是能夠自主決定人生和幸福的「自我決定權」。雖然他們展現自我的欲望降低，但他們更傾向自己做出某些決定並付諸行動。這可能是因為，生活在現代社會中的人們能夠自主決定的事已經大幅減少。他們在這個充滿不確定性的世界中，太過執著於所剩不多的確定選項。因此，在生活中許多方面，提前判斷哪些事情可控、哪些不可控，已經成為最重要的事之一。這是一種所謂的「可控性」。

當然，在過去，掌控自己的人生或許也是衡量幸福的標準。如今不同之處在於，衡量一個人能否掌控全局的尺度，變得更加精準和敏感。這種改變或許源於可以精準區分〇和一的數位環境，又或許是因為這種數位環境讓如今的社會變得更加透明。

相較於以往，如今可控性已成為更能直接影響快樂的變數。現在的世代對於被剝奪決策權、失去能夠完全自主決定的事，變得更加敏感。在這裡，所謂「能夠完全自主決定的事」非常重要。例如，對現在的年輕人來說，能否出生在富裕的家庭從一開始就不可控，出生在哪個家庭完全是「運氣」決定，甚至可謂「天命」，因此不得不接受。

年輕世代這種「超自主」的意識，與法理學家羅納德·德沃金（Ronald Dworkin）主張的「運氣平等主義」（luck egalitarianism）相似。這個概念將運氣分為「純粹運氣」（brute luck）和「選擇運氣」（option luck）。德沃金認為，社會可以介入並幫助那些天生身心障礙或因天災蒙受損失的人，至於個人自身決定導致的結果，像是股票投資，則應由個人承擔責任，這才是公正的社會。

「誰拿刀威脅你了？」這句話就是誕生於這種強調「個人選擇結果」的社會氛圍。這句話的意思是，除非有人拿刀威脅你（也就是有不得已的狀況），否則你就該為自己所做的決定負責。這句話原本是網路流行語，但現在被延伸並擴大解釋為「如果不喜歡，就離開」。問題在於，這句話不只被用來強調「個人選擇」，如今當有人提出或要求改善特定問題時，也會有人用這句話來嘲諷或反駁。在社會與個人都負有責任的問題上，這句話的作用就是將所有責任推卸給個人，或阻止合理的批評與討論。

股市熱潮與可控性

自二〇一九年新冠疫情爆發以來，年輕世代之間興起了以虛擬貨幣和股票為主的投資熱潮，尤其在這段時間吸引了許多第一次嘗試投資股票的人。二〇二〇年三月，股票交易的活期帳戶數量首次突破三千萬戶[49]。這股熱潮持續到二〇二一年，股票交易帳戶數量已經超過五千萬戶[50]。

在二〇〇九年底，韓國證券帳戶總共約有一千六百萬戶。除了二〇一二年和二〇一四年外，至二〇一七年為止，每年新增的帳戶總數均超過一百萬。二〇一八年和二〇一九年增加的幅度更大，分別增加超過二百萬戶；二〇二〇年和二〇二一年則分別新增超過一千萬戶，更是非常罕見的情況。

投資專家對新興股票投資人（尤其年輕世代）不斷增加的現象發表了各種看法。首先，自新冠疫情爆發以來，政府釋出大量資金，增加了市場流動性之餘也助長了投資熱潮。智慧型手機問世讓散戶可以輕鬆進行股票交易，也有助於吸引新興投資人進入股市。

尤其證券公司在激烈競爭之下推出免收股票交易佣金的優惠，更助長了投資熱潮。其中包含了海外股票和公開發行股票。

然而，即使在投資熱潮中，追尋「可控性」的心態仍發揮著強烈的作用。「股兒」這個詞正驗證了這一點。「股兒」是「股票」和「兒童」這兩個詞的組合，指的是初入股市的投資人。這類投資人有個基本特徵，就是「一邊學習一邊進入股市」。

當然，並非所有股民都是門外漢，會一無所知地盲目投資。不過，自二〇一九年以來，財經暢銷書中有關投資思維或投資方法的主題占了很大一部分，象徵著研究股票的熱潮。與此同時，經營股票或投資主題的網路影音創作者紛紛進入包括公共電視在內的體制內電視台，也充分反映出這種氛圍。股票專家所宣揚的信念是，只要長期持有股票，終究可以等到股價上漲。

在股市熱潮下，股兒開始相信只要深入學習基本的投資和分析方法，就能掌握最佳的進場時機，選擇穩健的價值股和成長股進行投資。他們至少在股票交易中看到了可控性。我們無法確定這種想法能否成真，但可以確定，分享投資方法的股票專家和所謂的

「投資大神」，確實提升了股兒的投資信心。

那麼，投資比特幣等虛擬貨幣的情況又是如何呢？許多投資人表示，他們不投資虛擬貨幣是因為他們無法評估其價值。這個說法是有道理的。比特幣、以太幣（Ether）和其他山寨幣都缺乏能夠在未來創造價值的評價指標。即便如此，有一種力量能夠推動加密貨幣的行情，那就是「謠言」。加密貨幣唯一的價值，在於宣稱其價值即將上漲或下跌的「謠言」。那麼，為何還會有人將所有家當投入這種幾乎不可控的虛擬貨幣？

為了理解這種矛盾的情況，我們可以回顧過去人類是如何在難以獲取資訊的自然環境中順利生存。人類是擅長模仿和模式化的動物，透過模仿成功人士並建立成功模式，人類得以生存。然而這並非總能帶來好結果，因為人類也擁有大量的認知與決策偏誤，常見於狩獵和農耕等不受人類自由意志影響的領域。

加拿大拉布拉多半島（Labrador Peninsula）的納斯卡皮人（Naskapi）在狩獵馴鹿時，必須先決定要往哪個方向去。依照常識，會認為應該去先前曾經成功狩獵的地方，或親朋好友最近曾看到馴鹿出沒的地點。然而這是人類的觀點，實際上馴鹿會避開曾有人類出沒的地方。因此為了避免決策偏誤，納斯卡皮獵人會透過看似原始的占卜來決定狩獵地點[51]。

透過占卜來幫助決策並不罕見，世界各地都有類似證據，農耕領域也是如此。印尼加里曼丹（Kalimantan）的坎圖人（Kantu）就利用占卜來選擇農耕的位置，這有助於避免「賭徒謬誤」，也就是賭博輸錢的人總認為自己這次一定會贏。最終，整個婆羅洲地區的農業社群都可以看到這種運用占卜輔助決策的做法[52]。

上述例子表明，當人類難以準確掌握大自然，且資訊不足時，使用隨機策略取代直覺可能會帶來更好的結果。有時，隨機就是生活中最好的策略。研究過虛擬貨幣的人也意識到，這個市場沒有理性的漲跌模式，無論做了多少研究都無法釐清。也就是說，用於股票市場的技術分析在這個市場行不通。諷刺的是，在這種情況下，隨機投資可能反而最有效。這就是為何人們會像擁有野獸之心的巫師一樣高喊「加油」。

超自主的Z世代青睞的工作模式

一九八〇年出生的吳鉉宇（오현우）自二〇〇七年入職以來一直在同一家公司工作。他工作時態度開朗，因此深受前輩的喜愛。他也會利用休假時間到處旅遊，以保持工作與生活的平衡。然而二〇一〇年某次經歷卻讓他感到震驚。那時他原本預計像往常一樣在週五請年假，去濟州島旅行三天兩夜。然而，直屬主管得知後卻對他說：「你為什麼要在週間請假呢？最近不是連週六都是假日，能休息了嗎？」

讓吳鉉宇驚訝的，並不是主管對他的年假計畫有微詞，而是因為對方真心想知道「為什麼要在工作日請年假」。吳鉉宇後來才意識到，這位年資超過二十五年的高階主管，相較於「五天工作制」，更習慣「六天工作制」。實際上，這位主管甚至認為，既然週日已經有休息，那麼週六就沒有必要放假了。

如今，吳鉉宇已經是擁有十七年經驗的老將，也是一個團隊的負責人，團隊中就有比他年輕二十歲的Z世代成員。最近，他被二〇〇〇年出生的實習生問了這個問題：「組長，一個人怎麼能一週連續工作五天呢？不覺得中間在週三休息一天比較平衡嗎？」

韓國全面實施五天工作制已近二十年*。如今，「四天工作制」的潮流自然也引發了社會討論。此前曾有其他先進國家率先實施四天工作制，但這種情況不常見。最引人注目的例子是二〇二二年六月到十二月，英國六十一家企業共二千九百名員工參加了全球規模最大的四天工作制實驗，為期六個月。

這項實驗想要探討的是，在不降低薪資的情況下實施四天工作制能否維持先前的生產力水準。實驗結果令人欣喜，在薪資不變的前提下，即使每週工作日減少一天，平均銷售額也沒有下降。參與實驗的大多數企業和員工都對這個制度表示滿意，其中五十六家公司（占參與企業的九二%）表示有意繼續實施四天工作制**[53]。

關於這項實驗，包括英國智庫社會市場基金會（Social Market Foundation，SMF）主任在內的多位專家認為，實驗結果「不能輕信」[54]。他們認為這項實驗的前提在於「薪資不變」，然而如果實際實施四天工作制，是否一定要保障薪資？如果減少部分薪資，四天工作制是否也能獲得令人滿意的成效？如果有效，那麼該減薪多少才合理？

韓國世福蘭斯醫院（세브란스 병원）自二〇二二年八月起嘗試實施為期一年的四天工作制。儘管薪資減少了一〇%，但員工在工作績效和滿意度方面都給出了正面回

饋。認為「醫療服務品質正在改善」的比例，從實施前的五五．四％上升至六六．三％；而對於工作與生活平衡的滿意度，也從實施前的三．七分增加到六．二分（滿分十分），幾乎提升了一倍[55]。因此，醫院勞資雙方達成協議，將四天工作制的實施期間延長一年。

然而，即使有這樣的成功案例，在韓國社會落實四天工作制的機率依然很低。因為這項制度需要政府和企業雙方長期且堅定的承諾，然而雙方採取行動的可能性都不高。新冠疫情期間，Eduwill 和 Kakao 等企業曾實施四天工作制、四天半工作制和每兩週一次的「休閒時間制」，但它們最終還是廢止或縮減了這些制度。當然，未來仍然有一些企業會沿用四天工作制來招攬人才，但這個制度的全面推廣，仍取決於勞動階層的

* 在韓國，六天工作制由來已久。一九九〇年代，私人企業開始推行隔週實施五天工作制，中央政府機構則從一九九六年起實施每兩週五天工作制。之後的金大中（김대중）政府積極推行五天工作制政策，在這個背景下，韓國從二〇〇二年七月開始，全國所有銀行統一實施五天工作制，並從二〇〇四年七月到二〇一一年七月陸續實施。

** 比較二十三家企業從實驗開始到結束期間的銷售額，成長率平均提升了一．四％。此外，在實驗開始前六個月提供數據的二十四家公司，在實驗期間的銷售額與開始前六個月相比，平均增加了三五％。

大規模人口結構變化和政府意願。

然而，即使不徹底實施每週四天工作制，如果能適當運用初入職場這群Z世代的超自主特質，也能提升工作滿意度。如今的年輕世代不願被每週工時五十二小時、一成不變的既有企業模式束縛，並正在考慮以「零工」（gig worker，即超短期勞動）為替代選項。

所謂的「零工」，指的是根據雇主需求，透過短期合約或一次性工作來提供超短期勞動的勞工。與現有的短期僱用形式不同，零工是透過數位平台來進行勞務仲介。比如周遭常見的代理駕駛、送貨員和外送員等。受新冠疫情影響，對這些服務的需求自然而然增加。零工之所以興起，主要原因在於「時間上的自主性」。換句話說，零工最大的優勢在於，想什麼時候工作，就什麼時候工作。

二〇〇二年出生的全南洙（전남수）目前專職外送工作，他表示：「作為外送員最大的好處就是可以留在首爾工作。以前要獲得理想工作，有很多人不得不去鄉下工廠當產線工人。但我不想離開我一直以來居住的首爾。」這種零工的工作形式，成為了一種在時間和空間上都具有自主性的罕見職業（圖表九）。

圖表九　根據時間自主性和空間自主性區分的工作類別

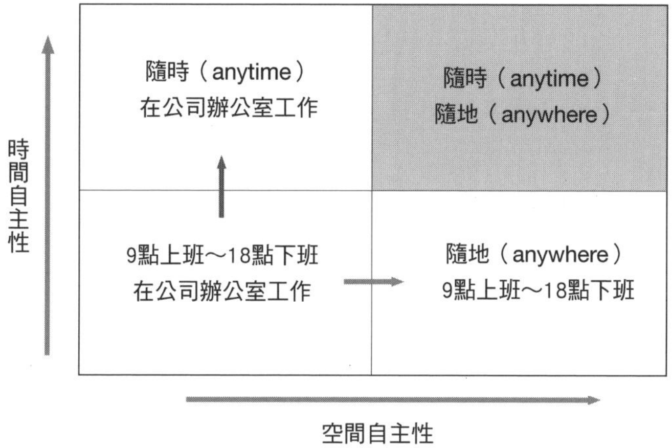

如今，企業也反映了這種需求。Kakao曾經實施短期工作制度，在回歸傳統工作制度後也提供工作團隊「自主權」，讓他們可以選擇最適合的工作方式。例如，某些原本完全遠距工作的團隊，可以選擇每兩週進一次辦公室工作為折衷方案。

如果薪資不變，人們當然會希望縮短工時，但這不代表人們只青睞「每週四天工作制」這樣縮短工時的形式。如果維持每週五天工作制，又能保證時間和空間上的自主權，讓員工能夠自主選擇，那麼他們可能也能接受較低的薪資或較長的工時。

如果每個人的自主性都不同，會怎麼樣？

新冠疫情之下，學校受到最嚴重的衝擊，也遭遇最大的挑戰。從小學、中學、高中到高等教育機構都面臨相同課題。尤其從二〇二〇年開始實施遠距授課後，各種衝突陸續浮上檯面。

長期任教於首爾K大學的A教授在疫情期間不得不進行遠距線上授課。他可以適應這種陌生的授課方式，但他無法忍受上課的學生不開鏡頭。他在二〇二一年春季學期的第一堂課上宣布：「不開鏡頭的人，不要來上我的課。」然而，這位資深教授的傲氣並沒有持續多久。課堂上三十幾名學生絕大多數在加退選期間退選這堂課，讓課程面臨無法開課的危機。最後A教授緊急做出讓步，讓學生可以自行決定是否打開鏡頭，才避免了這場危機。

和A教授一樣，目前任教於Y大學公共行政系的B教授也認為上課時應該要能看到學生的臉，但是他採取非強制的方式。他告訴學生上課時一定要打開鏡頭，但如果有人對此感到壓力，可以只露出頭頂。B教授沒有面臨無法開課的危機，但開始上課後，他只能在畫面上看到一堆學生的頭頂，一時之間還是讓他瞠目結舌，不知如何是好。

這兩個案例說明了在面對重視高度自主性的世代時，可能經歷的日常分歧。有些人可能因為強行限制了他們的自主性而發生衝突，有些人雖然希望盡量保障這種自主性，但仍在面對實際情況時感到不知所措。

這顯示出極致自主性的兩面性。自主性雖然必須被保障，但是每個人對自主性的標準和限度都不一樣，如果沒有任何配套措施、無條件賦予自主性，就可能破壞秩序。

與自主性有關的衝突也可能導致個人權利上的糾紛。最近在KTX高速列車和高速巴士上發生的椅背風波就是典型的例子。事實上，以前早已有人因為大眾運輸的座椅椅背起爭執，而且也不是只發生在韓國，英文裡甚至有「椅背爭議」（recline gate）這個說法。其實法規裡有相關規定，根據韓國《道路運輸車輛安全規則》，多人乘坐的客車，前座椅背背面與後座椅背正面的距離必須超過六十五公分。但現實中，很多大眾運輸都不符合這項規定，所以椅背只要一往後，就會對坐在後方的乘客造成不便。要解決這個問題，終究還是必須仰賴個人的禮儀、為他人著想的同理心或靈活變通的能力。然而，如今越是仰賴靈活變通的地方，發生的衝突就越多。

我們看待這個問題的方式，也將影響到我們如何解決這個問題。重視自主性的世代非常講求原則，因此，椅背的設計本意是讓人可以向後傾靠，那麼傾斜角度就應該限制在適當的範圍。當然，現實中並不存在能夠避免民怨又能維護權利的「角度」[56]。因為無論往後傾斜多少，坐在後面的人都可能會覺得自己的權利受到了侵害。

這就是為什麼規範很重要。例如，飛機座椅想必是經過長期的經驗累積所設計，在經濟艙中，椅背的角度只能小幅度調整。安全規則也規定所有乘客在起飛、降落以及用餐時間必須讓椅背保持直立。此外，即使前排乘客傾斜椅背，後排乘客也還是可以調整桌架和電視螢幕的角度。

光憑規範不可能解決所有衝突。但即便如此，如果沒有能夠讓衝突可能性降到最低的結構性措施，只仰賴個人的變通能力和公民意識，恐怕會更無法解決問題。因為一個人只有明確了解自主性的行使範圍，才能適度地表達自己的態度。

第十章

從世代特質探討低生育率

雞尾酒效應與低生育率問題

在先前的章節，我將韓國Z世代的特質分為「超合理」、「超個人」和「超自主」。然而，這些概念雖然各自獨立，卻不是分開的。它們相互交錯，隨著周遭的技術和環境變化而不斷改變、進化，而這些交互作用也會帶來意想不到的現象。

「雞尾酒效應」（cocktail effect）這個現象，指的是分開來看對人體無害的化學物質，彼此混合後卻會對健康造成威脅。根據發表在英國科學期刊《自然通訊》（*Nature Communication*）的一項研究，大約有超過十五萬種化合物會對人體產生意想不到的影響[57]。當添加物等化學物質單獨存在時，毒性可能很小或極微量，但當兩種或兩種以上的物質相遇時，就會發生化學反應，使毒性增強。

在前面檢視的「超合理」、「超個人」和「超自主」這三項特質，個別而言看似問題不大，超出適當程度的部分也有辦法往好的方面引導。然而，這三項特質相互結合後帶來的副作用卻令人難以招架。

我們接著談談全球最嚴重的低生育率問題。根據韓國統計廳的報告，韓國總生育率在二〇二二年僅〇・七八人，呈現持續下降的趨勢。有人擔心，到二〇二三年第二季，數字將跌至〇・七人，甚至有可能進入〇・六人的區間。這種擔憂確實很有可能成真，因為首爾的總生育率已經降至〇・五三人[58]。

韓國的總生育率在很久以前就已經跌破一，因此〇・六這個數字如今看起來似乎差異不大，然而長遠來看並非如此。如果將一百位現代父母視為一個世代，由他們所組成的五十對夫妻會生育三十個孩子；而這三十個孩子成長為下一個世代後，將組成十五對夫妻，並生育九個孩子。也就是說，總生育率〇・六人代表的是，經過短短兩個世代的時間，一個世代的人數就會從一百人減少到九人。

但是，真正對韓國社會造成威脅的不是當前的低生育率，而是「找不到解決這個問題的方法」。到目前為止，韓國政府為因應少子化而推行的對策在過去十五年間投入了約二百八十兆韓元的天文數字預算，生育率卻未見起色，政府也因此受到批評。未來，即使再投入更多的預算和資源，少子化問題恐怕也難以解決。因為韓國政府至今仍未意識到，超低生育率現象正是Z世代三大特質所引發的雞尾酒效應。

生育是不合理的行為

有很多原因讓如今和未來的世代不想生育，但歸根究柢，還是因為生育對他們而言是一件「不合理的事」。

生育和教養孩子本來就不是符合經濟效益的行為。從人類歷史可以看出，識字、教育程度越高的女性，生的孩子越少，而且她們將這些為數不多的孩子撫養得更健康、更富足[59]。這就是為什麼已開發國家共同面臨少子化問題，僅有程度上的差異。那麼韓國的少子化問題為何格外嚴重？是因為韓國是個不易養育孩子的國家嗎[*60]？

梨花女子大學榮譽教授兼演化生物學家崔在天（최재천），二〇二一年在自己的YouTube頻道「崔在天的亞馬遜」（暫譯，최재천의 아마존）上，針對韓國少子化問題表示：「和過去的人相比，這個世代太過明智、太過聰明、太會算計，終究導致世代的不幸。」

也就是說，結婚生子本就不是一件明智的事，而當前的低生育率是自然而然發生的演化適應現象。只不過這種過於理性的考量，反而可能使他們成為什麼都做不了的一代。這與我們在第七章探討過的「合成謬誤」一脈相承，意思是個人合理的選擇匯集在一起，反而會導致不合理的結果。

或許有人會認為，由政府提供補助作為誘因、創造生育孩子的條件，讓生育對個人而言成為合理的選擇，就可以解決低生育率問題。然而事實並非如此。政府永遠不可能提供足夠的援助來促進生育，因為當初政府鼓勵生育最主要的原因，是為了防止預期中的財政崩潰在未來發生。我們需要孩子來保障未來的經濟安全，但我們現在卻無法再投入更多經費在他們身上。這就是為什麼「考慮為每人提供一億韓元特別補助」這種政策最後總是流於空談**。

到了最後，人們耳邊只剩下「各位如果不生孩子，我們的國家就會滅亡」這種訴諸感性的呼籲。然而，一如《京鄉新聞》記者崔敏智（최민지）在MBC節目《PD特輯——我們不生孩子的理由》（暫譯，PD 수첩—우리가 아이를 낳지 않는 이유）中所說：「對於『不生孩子國家就會滅亡』這種說辭，現在的年輕人根本無動於衷。」強迫不想生孩子的人生孩子，只會引發強烈的反抗情緒。

個人保護主義與生育率

二〇一三年，KBS綜藝節目《Happy Together》（해피투게더）主持人劉在錫被

* 二〇二〇年，美國商業雜誌《CEO 世界雜誌》（*CEOWORLD Magazine*）綜合評估新生兒死亡率、醫院普及率等福利相關指標，以及學校註冊率、文盲率等教育和生活品質相關指標，將韓國評選為全球最適合生育孩子的國家。

** 諷刺的是，雷聲大雨點小的生育補助政策非但沒有促進生育率，甚至在「沒有補助政策也想生育」的人和「根本沒想過要生育」的人之間造成懸殊的差距。

問到：「結婚有什麼好處和壞處？」他大膽地回答：「有很多好處，也有很多收穫。」這個回答堪稱典範。其他人繼續追問：「一定有什麼壞處吧？」於是他幽默地說出了一個關鍵答案：「壞處只是會失去我自己。」

對於出生於超低生育率時代的Z世代而言，把自己照顧好的「個人保護主義」比什麼都重要。無論已婚人士再怎麼歌頌婚姻的優點、強調生育孩子才能體會奇蹟般的喜悅，他們都不會輕易選擇一個無法「保護自己」的選項。

如果有人認為那些不打算生孩子的人，只考慮到自己身為父母的角色以及可能隨之而來的犧牲，那就錯了。他們考慮的，除了「身為父母的自己」，也包括在毫無準備的情況下誕生的孩子。

「濫殺無辜」這句成語的意思是「無差別地屠殺無辜之人」，用以形容戰爭頻繁、殺戮不斷的暴政。二〇二三年中國出現了「濫生無辜」這個新用語，意思是「無差別地生出無辜的人」。這個詞被《中國數字時代》（*China Digital Times*）評選為二〇二三年六月的當月新詞[61]。一如作家張愛玲所說：「如果孩子的出生，是為了繼承自己的勞碌、恐慌、貧困，那麼不生也是一種善良。」

韓國目前正經歷前所未有的超低生育率，已經來到攸關國家存亡的地步。生兒育女成為完全不符合經濟效益的行為，婦產科以及兒童與青少年專科開始大規模關閉。如今，即使孩子平安出生、順利長大，未來仍必須承擔超高齡社會下沉重的扶養負擔。在這種情況下，誰還會認為生孩子是個好選擇呢？

第四篇

如何調解世代衝突？

第十一章

無法理解也無妨

迴避問題，只是治標不治本

無論哪個時期，世代之間都會有矛盾。自西元前四世紀蘇美文明有紀錄以來，東西方各地的世代衝突都無可避免。如今時代瞬息萬變，人們已經跟不上變化的速度，衝突不只性質更加多元，程度也不斷加深。加上從數位化社會轉換到ＡＩ社會的速度之快，讓社會深層的矛盾逐一浮出檯面。一般人可能認為需要投入萬般努力和漫長的時間，才能解決這個問題。然而，追求效率的韓國人無法忍受這麼長的時間。在這個大前提下，我想提出一個最快也最可靠的方法。

美國心臟科醫生羅伯特・艾略特（Robert S. Eliet）的著作《壓力管理》（*From*

Stress to Strength）中有一句話：「如果無法避免，那就享受它吧。」意思是抱持著正面的態度接受一切、減輕壓力，積極地生活。這種說法或許有助於個人的心理健康，但對解決世代衝突的幫助卻不大。如果稍微調整這句話的語序，反而更接近根本的解決之道：「如果無法享受，那就避免它吧。」

沒有什麼比和合不來的人相處更痛苦。如果一天之中要花超過八個小時，也就是至少三分之一的時間和合不來的同事相處，就會更加煎熬。因此，我們沒有必要為了不合拍、無法接受彼此想法和行為的人委屈自己。如果完全無法樂在其中，那麼選擇避開可能是個好辦法。也就是說，如果真的難以承受世代衝突的壓力，也可以考慮不僱用新員工。

二〇一五年上映的好萊塢電影《高年級實習生》（*The Intern*），劇情十分受到矚目。故事描述勞勃・狄尼洛（Robert De Niro）飾演的七十歲實習生進入一家時尚新創公司工作，並以心平氣和的方式，向安・海瑟薇（Anne Hathaway）飾演的年輕執行長傳遞了工作和生活的價值觀。

事實上，美國企業對五十歲以上資深工作者的需求正在提升[62]。美國年輕世代對傳統企業的「奮鬥文化」（hustle culture）感到厭倦，他們的工作意識正在改變。加上長期飽受招募困難的困擾，為了解決這個問題，企業正考慮招募中高齡者。儘管相較於年輕世代，熟齡人士在適應技術和趨勢變化方面可能相對緩慢，但《富比士》等多家媒體分析，這群人反而因為熟悉現有組織文化、為人真誠、善於面對面溝通等特質而備受關注。順應這種趨勢，過去被認為適合十幾、二十幾歲年輕人的工作崗位，像是餐飲、零售、物流業，或是兒童、老人照護機構，甚至律師事務所、會計等專業領域，現在也積極招募中高齡者。美國退休人員協會（American Association of Retired Persons）表示，二〇二一年承諾「提供五十歲以上民眾公平就業機會」的企業超過二千五百家，比前一年增加一二二%，其中包括美國銀行（Bank of America）和微軟（Microsoft）等大企業。

在韓國，僱用中高齡工作者的企業也在增加。根據《每日經濟新聞》（매일 경제）報導，韓國企業聘用中高齡員工的主因是「工作態度良好」（三六・八%）以及「具備

能傳授給他人的技能和知識」（三三・三％）。相較於過去「降低勞動成本」（二七％）或「為提升企業聲譽所做的社會貢獻」（七・九％）等原因，能夠為企業帶來實際助益的比例提升[63]。其中，製造業和二級產業對資深人才的專業經驗有較高的需求。

如今甚至有企業只僱用五十五歲以上的員工。根據《朝鮮日報》報導，為熟齡工作者提供優質工作機會的社會企業「Everyoung Korea」，員工平均年齡為六四・九歲，二百八十幾位員工中，六、七十歲的高齡者居多。雖然中高齡工作者通常是短期勞動性質，但這裡的平均年資為六年二個月[64]。

迴避衝突無法解決問題

我曾在很多講座上說過，避免世代衝突最根本、最有效的方法，就是「不要僱用年輕員工」。這個想法至今依然適用。因為從根本上阻隔了不同世代的接觸，所以這個做法不會引發衝突。但這種方式能維持到什麼時候？

有一個實際案例可以給我們一個警訊。某家年銷售額曾接近千億韓元的水產食品加工公司，從十幾年前開始出現嚴重的世代衝突，甚至出現一個人必須應付一百個人的工作量這種惡劣情形。由於一直無法滿足年輕成員的需求，公司決定不再招募二、三十歲的年輕工作者，只僱用四十歲以上的員工。

採用這種營運模式的前一、二年，沒有發生什麼特別的問題。反之，因為不必要的世代衝突明顯消失，經營團隊也對這個模式感到滿意。但四、五年後，各種問題開始浮出檯面。除了人事成本的問題外，公司也發現沒有人能把這些技能和知識傳承下去。於是他們時隔六年再次進行公開招募，僱用了十幾名新員工。然而，招募過後短短半年內，有八〇%的新進員工主動辭職。因為在先前「不招募年輕人」的營運模式下，這間公司沒有養成與年輕世代和諧相處的習慣。

如果真的想避免世代衝突，我還是會建議「不招募年輕員工」。但坦白說，只有極少數的公司能僅憑資深人力順利營運，因為有些現實的問題是絕對無法避免的。這不僅適用於招募人力，在當前跨世代共事的職場中，由於採用「迴避策略」的比例上升，導致跨世代之間經常連基本的溝通都無法順利進行。

幾年前，我受邀到為高中生舉辦的「生涯進程專題講座」演講。面對二〇〇二年出生的學生，我試圖以親切的口吻與這些和我相差二十幾歲的聽眾拉近距離，於是不假思索地說：「高丁*，你們好！」有學生聽到這句話後立刻反駁，說「高丁」是對高中生的貶義詞，希望我道歉。而我當下也立即道歉。

有一個詞叫做「微歧視」（microaggression），又稱「日常歧視」，泛指一些輕微、隱晦、不易察覺的歧視**。它是由英文「微小的」（micro）和「攻擊」（aggression）組成的複合詞，字面意思是「輕微但具攻擊性的歧視」[65]。即使有些話可能出於無心，但只要讓人感到不舒服，就可能是一種微歧視。例如，身心障礙人權團體呼籲改善貶低和歧視當事人的用詞，種族歧視或基於性別二元論而來的表達方式也受到批評[66]。此外，常見的「低生育率」一詞同樣受到質疑，認為這種說法是將人類視為生育機器。因此，許多媒體為了避免爭議，就用「少子化」來代替。早期常用的「乳母車」一詞，對某些

* 譯註：韓文中對高中生的簡稱。

** 二〇一八年BBC Korea首次在韓國對此現象進行報導，以「微塵歧視」一詞進行介紹。

人來說也是令人不舒服的用法。因為坐在車裡的是孩子而不是母親，所以建議改稱「嬰兒車」。按照這樣的標準，我所說的「高丁」，也成了貶低兒童和青少年的字眼。

在諸如性別、種族、年齡、身心障礙等方面，我們應該避免使用帶有歧視意味的詞。問題是，直到幾年前，有不少用語仍屬於「不小心說出來也沒什麼大問題」的範圍。儘管帶有歧視意味的用語應該被淘汰，但很多人跟不上快速變化的時代，因而出現了不少副作用。

一九八五年出生的金泰民（김태민）在板橋一家遊戲公司擔任企劃組長，不久前他對打扮得光鮮亮麗的組員說：「衣服很好看！看來你今天要去相親喔？」接著得到了冷淡的回應。後來他被告知這類言論可能被視為職場霸凌，以後要多加注意。此後，他決定不再和組員談論任何無關工作的事。

在現實商務環境中，越來越多中階管理層像他一樣，為了減少不必要的衝突，寧願不與新世代對話。他們認為，與其被抓到語病或把柄，不如乾脆不說話，以避免產生不愉快，這樣對雙方都好。

但是，為了避免不愉快而拒絕溝通，也會對工作造成負面影響。無論是為了杜絕不必要的世代衝突而不再招募年輕世代，或是為了避免陷入尷尬而不進行溝通，短期內或許能讓局面變得輕鬆，但這都只是權宜之計。「無法享受，那就避免」的策略，終究不是最理想的解決方案。

AI對世代衝突提出的解決方案

震撼全球的 ChatGPT 對解決世代衝突有什麼看法？我直接問它該如何解決世代差異時，它回答：「處理世代差異可能很困難，但可以採取以下幾個步驟。第一步是『開放溝通』。這個階段鼓勵不同世代之間進行開放坦誠的溝通，積極傾聽，嘗試理解彼此的觀點。第二步是『同理心』，站在他人的立場，盡量試著理解他們的經歷和世界觀。第三步是『尊重差異』，第四步是『互相學習』，第五步是『妥協』，最後第六步是『專注於共同目標』。請記住，世代差異是自然的現象，可以透過理解、尊重和開放的溝通來克服。」

這些都是「理論上可行」的答案。「敞開心扉、互相理解、尊重差異」這種原則性建議，並不是我們在面對這類衝突時想要得到的解方。

尤其ChatGPT在最後再次強調「理解、尊重和開放的溝通」。敞開心胸、表現出尊重的態度不僅有助於解決世代衝突，更是所有人際溝通的首要關鍵。然而，我對這個建議有一個疑問，那就是「理解」二字。

大家都知道，理解的英文「understand」是表示當你站（stand）在對方的下面（under）時，才能真正理解對方。若想完全接受這個字源的解釋並付諸實行，首先必須能向對方讓步。那麼，在解決世代差異或世代衝突時，我們是否應該先退讓一步，或者居於下風，表現出理解的態度？我不這麼認為。對有些人來說，屈居下風、主動遞出橄欖枝可能不是件壞事。然而如果只有單方面讓步，必然會引發另一波衝突。

過去幾年，有很多人希望我能撰寫關於六、七〇世代的書。他們的主要訴求是，希望年輕世代至少能理解老一輩一次。

當我聽到這些略帶訴苦意味的請託時，非常能夠理解老一輩的感受。撰寫本書的我

也早已告別青春年華，成為一個中年經理人，因此我也無法把這一切當成別人的故事一笑置之。但是我不確定這種方式究竟能解決多少問題。雖然不是我的著作，但市面上已經有《七〇年代的人哭了》（暫譯，70 년생이 운다）之類的書籍出版，有助於了解老一輩的心態。然而衝突並未因此解決，人們也還是沒有找到解決方案。看來，這種方式除了帶來慰藉以外，似乎沒有其他作用。

我希望藉由本書減輕大家心裡的一些負擔。我想說的是，「沒有必要去理解其他世代」。「理解」在字典中有多種含義，主要的解釋是「考慮他人的處境並慷慨地接受」，和英文單字 understand 意思雷同。從這個意義上來看，我認為我們沒有必要對其他世代處處寬容。

但是，我們需要認識他們。我認為，帶著了解的心態去看待其他世代就可以了，不需要掏心掏肺地全然接受。雖然概念上是一種全面性的理解，但是「發自內心的理解」和「動腦察覺的體認」，是不一樣的。

人們必須發自內心，才能體諒他人立場、慷慨接納對方，而這並不容易。但我們在動腦察覺時，只需要基於事實去區分相似和相異之處，並發現哪些是自己想要或不想要的，如此也不會在情緒上承受太大的痛苦。

二〇一九年八月，韓國第十九任總統文在寅贈送全體青瓦台工作人員《九〇世代來了》一書，並表示：「唯有了解新世代，才能為未來做好準備，也可以解決他們的煩惱。每個人都會經歷青春，但是我們對如今二十幾歲的年輕人，又了解多少呢？」

這段話透露出一個訊息，他建議大家應該正確認識新世代，而不是慷慨地理解和接受他們。也就是說，只要能徹底認清彼此的立場差異，並從客觀的角度看待事情，其實就足夠了。因此，我想再次強調，解決世代衝突的關鍵不是「用心去理解」，而是「用理智去認識」。

領導力無法解決的領域

Z世代與老一輩之間有著明顯的差異，而且在當今這個時代，同世代的人也強調個人特色，因此要不同世代之間相互包容與妥協並不是一件容易的事。不過，如果這個衝突的交集點是「公司」這個組織，那麼事情就會比較容易解決。公司是一個追求共同目標的組織，因此同時兼顧工作效率和公平性的「原則」可以成為解決衝突的契機。

許多人共同生活在一個國家裡，為了管理社會，國家根據權利制定了具有強制力的規範，也就是法律。從整個框架來看，「公司」這個組織也是如此。在《公司法》和《勞動基準法》基礎上，各家公司制定工作規則，再由個人和公司透過簽署合約來達成協議，提供勞務並獲取報酬。因此，若要解決公司內部的衝突，最乾淨俐落、快速簡便的方法並非仰賴個人層面的妥協，而是根據每家公司與個人簽署的協議以及所制定的原則。

如今有許多企業傾向透過管理者的領導力來解決世代衝突，這個方式仰賴的並非公司的指揮，而是部門主管個人的能力。當然，這也不是一個壞主意。問題是，如果只依靠個人能力，同一個組織裡也可能出現截然不同的文化。因此仰賴領導力並非根本的解決之道，發生在公司裡的問題，要依據法律、原則與常識來解決。原則不只是政治團體的口號，也適用於公司的組織文化。

但是組織如今面臨的真正問題是，有越來越多無法依據法律和原則來解決的事（圖

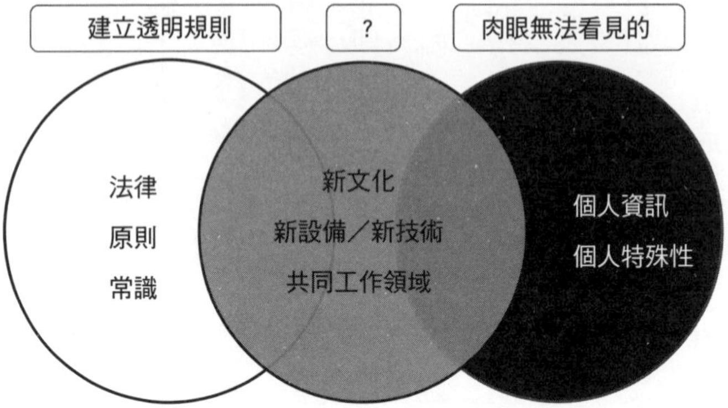

圖表十　無法僅憑原則來解決的事

表十）。若要按照原則行事，首先必須建立公開、透明的規則。然而，要在組織內部為一切事務制定透明的規範，是非常困難的。

法律、原則和常識所依循的都是社會的普遍標準，制定過程相對透明。因此，只要在組織層面制定好規範，就可以讓人們遵守。反觀隱私權保護等問題，員工的個人資訊或個人特殊性則不容被任意侵犯。問題在於兩者之間出現了模糊的灰色地帶，其中包括新時代的文化、使用無線耳機等新設備，以及共同工作領域等。

我想以「髮捲」這個議題為例。二〇一七年，韓國前總統朴槿惠（박근혜）彈劾案審判

當天，憲法法院代理院長李貞美（이정미）在匆忙之間被人看到戴著捲髮進入憲法法院，一時成為熱門話題。如今，在地鐵等公眾場合也能經常看到年輕人直接戴著捲髮出門。

但是在公司上班時，頭上可以戴著髮捲嗎？就像在工作時間戴耳機一樣，都是目前最具代表性的新議題。這類發生在公司裡的爭議往往與特定世代的工作態度有關，也成為《MZ辦公室》這類描繪世代衝突的影視內容常用的題材。不過，我並不認為這類爭議單純與工作態度有關。把上班戴耳機、戴髮捲的年輕人一概歸類為「態度有問題的一代」，除了挑起爭端以外，對於解決實際問題沒有任何幫助。

那麼，應該如何解決這些問題呢？這類問題很難用理解、妥協等方式解決。妥協通常代表在衝突中站在對方這邊，或是試著理解對方並做出讓步。因此「妥協」表示問題最終還是仰賴「替對方著想」來解決，但如果是這樣，象徵正義的「原則」就會在過程中不知去向。

這裡我想介紹一個二〇二二年在首爾某大學演講上聽到的案例。這所學校在幾年前開始採行申論型式的考試，此時發生過一個爭議。據說，前來參加申論考試的學生中，偶爾會有人戴著髮捲應試。監考老師指出這不是考生應有的正確態度，並要求學生取下髮捲，拒絕配合的學生便因此與監考老師起了爭執。就這樣，這類衝突在那幾年間持續發生。幾年後，大學方制定了申論考試的監考原則，宣布不會干涉考生是否佩戴髮捲，而這類衝突也隨之消失。

面試是評價面試者談吐、穿著及態度的場合，沒人會故意戴著髮捲上場，因此不會引起爭議，也沒有理由禁止佩戴髮捲。但是，在參加申論考試時，考生的髮型或是否佩戴髮捲，並非需要加以約束的事項。二〇二三年大學學力測驗期間，有一名學生頂著「龐克頭」來參加考試，為周遭的人帶來不便，還因此引發爭議。但同樣地，這也不能被視為制度上的問題。

解決問題的關鍵不在於對某人的「態度」提出質疑，而是明確判斷特定行為是否被允許或禁止。只要根據所在組織的工作性質和特殊情況，確認該行為是否被允許並事前告知即可。如果是雙方同意遵守的事項，就可以要求當事人履行承諾。

「新酒應該裝在新皮袋裡」。在這個過程中，很難要求年輕世代或老一輩主動忍讓。

只要制定規則和紀律，就能充分避免不公平的情況。這裡我想再舉一個例子。二〇二二年，我在一場講座上聽到這樣一句話：「午餐時喝一杯啤酒應該沒關係吧？」這讓我大吃一驚。

這句話是希望公司能允許員工在上班時間喝酒嗎？我當下十分訝異，想必許多上班族都和我有一樣的反應。不過，此前社群網路上就偶爾會有人針對「午餐時間能不能喝酒」進行討論。一如預期，多數人的回答都是否定的。至少在韓國社會中，大白天喝酒幾乎是禁忌，只有務農人家才會在午餐時間喝點馬格利酒（막걸리）*。在如今的職場，很難想像有人能在午餐時間喝酒後，還能在下午繼續處理工作。

不過，同一年，相同的討論在某家窗簾大廠的留言板上卻引發了不同的反應。提出這個問題的人在留言中進行調查，讓我吃驚的是，在這個總共有一百九十三人參與的調查中，認為「不能喝酒」和「喝一杯應該可以」的比例，居然幾乎是五五開。

* 編註：韓國一種以大米發酵而成的酒。

我於是從根本原因來思考，為什麼會出現這樣的調查結果。難道和過去相比，現在的年輕員工特別喜歡喝酒嗎？我不這麼認為。那麼，「喝一杯無傷大雅」是一種新的社會共識嗎？在這裡，我們需要再次把目光轉向時代的變化，而非世代的變化。這種改變反映的並非特定世代的態度問題，而是環境的改變。

從二〇一〇年代晚期開始，越來越多新創公司選擇跳脫傳統的獨立辦公室，轉向WeWork等共享辦公空間，共享辦公的工作模式逐漸成為趨勢。當時，許多共享辦公室除了水和咖啡外，也提供手工啤酒。事實上，包括WeWork在內的許多共享辦公室，都將「二十四小時啤酒無限暢飲」作為一大賣點。

當然，一段時間後，一些共享辦公室停止供應啤酒，因為這實際上不只無助於工作，甚至還引起客訴。然而，不可否認的是，「在辦公室提供啤酒」這種過去無法想像的工作型態，儼然已經成為一種工作文化。這個問題的核心，歸根究柢不在酒本身，而在於酒精對工作帶來的影響是正面還是負面。

如果問題從「可不可以喝一杯酒」改成「可不可以喝一滴酒」呢？我並不是想玩文

字遊戲，而是想探討「不能喝」的底線究竟到哪裡。從結論上來看，一如上班能不能戴髮捲或耳機的爭議，即使是照理來說不能允許的酒精飲料，也可以根據組織特性來決定是否有彈性開放的空間。我認為，透過制定符合工作性質的適當標準，並事先共享規則，可以有效減少不必要的世代衝突。

說到這裡，可能會有很多人表示反對。但我想再次強調的是，判斷「是否允許」的標準，必須取決於「工作性質」。例如，處理公共事務的部門和崗位，要事先明定「禁止飲酒」，接下來只要按照規定行事即可。例如，以警察來說，根據警察人員規定第九條「工作時間禁止飲酒」，值勤時飲酒會受到限制*。

因此，工作時戴耳機或喝啤酒本身並不是態度或道德的問題。只需要根據情況制定規則，適當予以限制或開放的空間，並事前公告周知即可。

有一位年長的主管告訴我：「我們會解僱戴耳機的員工。」根據當下情況，這種處

* 第九條：「警察人員在工作時間不得飲酒。但若有特殊情況，得以例外。此時，在酒意未消的情況下不得履行職責。」

置不一定是壞方法。但在此之前，何不先制定一些有關使用耳機的規則呢？公司可以選擇僱用同意遵守這些規則的員工。也許，年輕世代任性的偏見加劇了世代衝突，但是只要能提出同時兼顧效率和公平性的原則，他們沒有理由不同意。

第十二章

表裡如一的重要性

制度是為了提高工作效率，不是為了福利

韓國A公司的總經理為了培養年輕、靈巧的組織文化，決定允許員工穿便服上班。他親自透過電子郵件告知全體員工這件事，並期待組織能發生正面的改變。然而，即使實施了這項制度，員工的穿著並沒有太大的不同。這是因為，除了總經理以外，所有員工都在收到總經理的郵件之後，又收到來自副總經理的另一項通知：「下個月開始將實施允許穿著便服上班的規定。不過，褲子只允許穿灰色、深藍色和黑色。」

B公司為了改革組織文化，嘗試在稱呼彼此時，省去「課長」、「經理」等傳統職銜，改稱對方「某某先生／小姐」。一開始，金主任覺得稱呼經理為某某先生／小

姐很彆扭，不過也很快就習慣了。他也發現自己在會議上仍會機械式地記下經理說的話，這是因為雖然稱謂有所改變，但實際上的職位和上下級關係依然不變。不久前，和金主任關係較親近的後輩同事開始稱呼他「大哥」，而不是「某某先生」。那位同事補充說，這樣稱呼和「先生／小姐」是一樣的概念。

穿著便服、取消職銜、彈性工作制等新制度，正以「改革組織文化」的名義逐漸擴散到許多公司。但是從上述例子可以看到，要透過改變制度來改善企業文化，並非想像中那麼容易。

以「開放穿便服上班」的A公司來說，即使總經理本人立意良善，營運團隊和管理階層也可能扭曲或誤解他原本的意思。而以「在稱呼中省去職銜」的B公司來說，如果只改變稱謂，實際上層級制的文化沒有改變，那麼這項改革恐怕只會流於形式。在個人好惡和價值觀十分多元的社會，組織必須根據「約定好的原則」來事先協調問題，這件事非常重要。而在制定原則時，一定要牢記「原則必須表裡如一」。

那麼，韓國企業是否就無法仿效Google或Meta等國際IT企業的組織文化呢？

這裡有個重要的前提在於，國際ＩＴ企業的制度並非為了提升員工福利而制定。他們把制度視為提高績效和提升工作表現的工具，而不是改善員工權利或提高生活品質的途徑。推行這些制度不是為了提供員工福利，而是為了徹底確保員工做好分內工作。例如，在自助餐廳供應免費零食，不單純是為了滿足員工的口腹之欲，更是為了讓員工透過吃零食，能自然地聚在一起互動、溝通。

Google 的「服裝規定」就是原則表裡如一的代表性案例。Google 以簡單的服裝原則聞名，我們可以從 Google 前執行長艾瑞克・施密特（Eric Schmidt）的著作《Google 模式》（*How Google Works*）中看到這一點。在一次採訪中，一位記者問施密特：「Google 的服裝制度是什麼？」他回答：「總還是得穿點什麼吧？」這句話的意思是，只要不光著身子，穿什麼都可以。聽起來可能像句玩笑話，但不知為何，他的回答就是會讓我們相信，只要在 Google 上班，穿什麼真的都可以。至少對位於美國加州的 Google 總部而言是如此。

如今，Google 也進駐了素有「東方禮儀之國」稱號的韓國。那麼，在韓國的 Google

是否也能維持自由隨性的穿著原則呢？以下是我在二〇一九年造訪 Google 韓國分部進行「Google Talk」演講時聽到的真實案例。

有一天，一位剛加入 Google 韓國分部的新進員工問前輩：「我明天要和客戶開會，但沒有適合的鞋子。我可以穿家裡的三線條紋拖鞋去嗎？」如果你是 Google 的資深員工，會怎麼回答呢？可能會說：「這裡不是高中，是公司。」但令人驚訝的是，那位前輩回答：「你想穿什麼都可以。」而且這不是挖苦或嘲諷。事實上在 Google 韓國分部，服裝從一開始就不是個問題，只要能夠承擔隨之而來的責任即可。因此，就服裝制度而言，Google 的確做到表裡一致，員工也真的落實了「穿什麼都可以」這句話。

在演講現場，我經常聽到很多企業總裁自豪地說：「我們公司也是穿便服上班。」這時我會反問：「員工穿緊身褲也沒關係嗎？」如果是真心推行服裝自由的制度，那麼無論員工穿的是緊身褲、短裙還是運動服，管理者應該都不會在意才對。如果管理者還是會在意，那也沒關係，只是這樣一來，公司對服裝設下的規定就不該是「自由穿著便服」，而是「商務休閒服」。

這裡的重點在於「正確落實」，並且要「確實遵守」決定推行的制度。大家可能以為包括Z世代在內的年輕世代，一定會喜歡「每週四天工作制」或穿著便服上班，但事實並非如此。他們的核心訴求是，與其盲目推行難以執行的制度，不如確實遵守法律規定的每週五十二小時工作制。

而最糟糕的情況，就是「朝令夕改」。有間教育公司在業界率先實施四天工作制，卻在新冠疫情後以業績下滑為由，取消了包括四天工作制在內的福利，導致大批員工離職。這個案例告訴我們，與其建立一套看起來很棒的新制度，不如先檢查既有制度是否正常運作。例如，許多企業正在實施所謂「三六〇度績效回饋」的全方位評估制度。「三六〇度回饋」（360-degree feedback）制度是從多個角度評估組織成員，評估者不只有直屬主管，也包括同事和部屬，以提高公平性和客觀性。

然而，企業雖然克服萬難引進這套制度，卻往往在實際推行時面臨困難，讓這套制度無法正常發揮效果。比如說，有家企業在年底宣布實施三六〇度績效回饋制度，然而包括團隊主管在內的中階主管都悄悄地召集團隊成員，威脅如果他們給主管負面回饋，那麼員工的評估結果也會受到影響。這種案例比比皆是。

年輕員工對這種表裡不一的現象更容易感到失望。比起「建立更好的制度」，他們更期望的，是「確實執行已經制定的制度」。

以層級結構為制定規則的標準

一九九二年出生的A主任在首爾一家公司上班，最近他在工作上經歷了一件讓他瞠目結舌的事。A主任工作時，到公用印表機拿自己列印的文件，不經意看到組長列印的資料就在自己的文件下方，他便把這份資料一起拿回去給他。這是因為組長的座位就在他旁邊，他想說可以順便幫忙，而不是為了博取好感。然而此時，新進員工B在一旁目睹這一幕，便悄悄地對A說，希望A下次也能幫忙把他列印的文件一起拿回來。A覺得B說的話太過離譜，一時之間語塞。他表示：「我當時心想，這有可能嗎？我真是大開眼界到無言的地步。看到這樣的孩子，就明白前輩們為什麼經常用嘲諷的口吻稱他們MZ。」

我們該如何解讀上述案例中員工B說的話？從這裡我們可以看出他沒有從根本上考量到組織中的上下級關係，就向身為上司的A提出了「希望自己也能被體恤」的要求。當然，很多時候，「下級也想獲得與上司同等的待遇」會被視為一種「不得體」的行為。

但是我們也需要反過來思考這個問題。如果我們只對「上司」展現出分內工作以外的善意，這難道不就是「奉承」嗎？如果真如A所說，他只是單純出於好意、為團隊中的人著想，那麼為什麼「體恤同為團隊成員的B」對A而言會是一個奇怪的要求呢？

讓我們從全球組織文化的角度來思考這個問題。假設上述案例發生在美國企業，那麼A的行為很可能會被認為是「思慮不周」，而不是體貼的舉動。在美國的組織文化中，未經他人要求就主動提供協助，通常會被認為是不禮貌的行為。

盧慶熙（노경희）目前在紐約一所公立學校擔任護理師，過去曾在一家市立醫院工作。她回憶道：「無論在為期三個月的入職培訓還是進入實務工作，過程中都無數次地強調層級結構（hierarchy）。」層級結構通常被理解為「組織內部的層級秩序」，但更

準確的說法是「組織或團體內部的階層結構」。盧慶熙在自己所處的組織中反覆強調層級結構，正是在區分自己能做什麼、不能做什麼。

如果我們把層級結構應用到A的案例中，他在團隊中的職位是主任，他的工作僅限於某些他負有權責的業務，其餘的都超出他的職務範圍。換句話說，「在他人沒有提出特別要求的情況下」代替他人取回印好的資料，不僅不是他應該做的事，也是他「不應該」做的事。如果是一家業務範圍嚴格劃分的跨國公司，A的直屬主管也許就會告訴他，公司不是請他來做這些雜務，並請他今後專注於自己的工作。

我並不是認為外國公司的文化一定是對的。我想說的是，我們正從講求變通的世界過渡到原則至上的世界，在這個時間點，每個組織都需要制定適合的新規則。由於改變的速度和範圍實在太大，這些變化已經不能單純視為「年輕世代的問題」。

那麼，新規則該如何制定？這裡沒有正確答案，但最好的方法是配合自身所屬的組織文化，共同達成協議。例如，某些團隊可能會決定「公用印表機上如果有我們這一組列印的文件，請順便一起帶回來」，而其他團隊可能會決定「我們不要花費心思在職責以外的瑣事上」。兩種做法看似方向不同，但只要終極目標是追求工作效率並就此達成協議，就不會有什麼問題。重要的是各個組織的特性皆不相同，應該根據組織的特點量身定制並進行溝通。

Z世代期望的組織方向是致力於「工作」的本質。他們專注於做好分內職責，工作績效以外的事都是次要。他們不覺得有必要與上司分享無關工作的私事，也不覺得有必要在上班時間之外與同事保持親密的關係。

這樣的想法未必不利於工作。娛樂新創公司Common Stars的成員大多數是二十幾歲的年輕人，共同創辦人兼執行長李相煥（이상환）被問及如何與年輕世代共事時，他回答：「我們完全只有工作。」他表示，既然是工作的地方，那麼「只專注於工作」也是理所當然的事。他讓我想起網路漫畫《未生》（미생）裡的吳次長。不過，李執行長傾注心力在工作上並不代表他完全不與公司成員有其他人際上的互動。只是，即便他要舉辦聚餐，也會選在成員們希望的時間和地點舉行。

想爭取權利，卻不願履行義務

KBS綜藝節目《社長的耳朵是驢耳朵》（사장님 귀는 당나귀 귀）節目宗旨是為了「讓韓國老闆們願意自我反省，以打造出充滿工作樂趣的職場」。當初企劃的目的是希望藉由溝通來解決公司老闆與新世代成員們在職場共事時可能出現的各種衝突。

其中有一段故事講述的是「入職五天就詢問年假使用方式的新進員工」。故事中新進員工小心翼翼地詢問年假的使用方式，老闆則一臉錯愕地回覆：「才來五天就請假？」一九八五年出生的金英民（김영민），目前任職於汝矣島一家證券公司的人力資源部門。他告訴我最近發生了一件讓人心驚膽顫的小插曲。在一場執行長要求人資部門主辦的「新進員工與CEO見面會」上，新進員工的提問主要集中於薪資福利方面，而非工作或職位相關的問題。他們的提問琳瑯滿目，像是：「我們公司除了法定假期外，是否另有夏季休假？」甚至有人問：「最近其他公司都有鼓勵生育的政策，比如說每生一個孩子給五百萬韓元。我們公司有這方面的計畫嗎？」

這正是老一輩對於年輕世代感到不解的地方。在正式開始工作之前，他們就會好奇自己認為應得的福利和待遇，從年薪、績效獎金、福利到法定假期以外的休假等。這種態度讓人感覺他們是醉翁之意不在酒，他們也因此被視為「唯利是圖的利己主義者」。因此，在正式進入公司前就詳細詢問薪資或工作條件的人，有可能會被取消錄取，網路上已經流傳著許多這方面的「英勇事蹟」。

然而，我們也不能將這些獎勵和待遇問題視為與特定世代的態度有關。本質上，這是人事管理的問題。薪資、工作時間、年假等有薪休假相關內容，都必須依據《勞動基準法》在勞動契約中明確約定。此外，公司提供的福利待遇也是勞工在選擇公司時主要考慮的因素之一，有必要事先充分告知。

如果事先已經充分說明，後續仍在討論工作的場合詢問福利待遇，這種員工的態度可能就有問題。但是，如果在簽訂契約前沒有充分說明清楚，或者讓員工在正式到職後仍抱有疑問，這顯然就是人事管理的問題。

網路劇《好小企業物語》中的丞相網路公司也發生了類似狀況。勞動者在開始工作前與雇主簽訂勞動契約是基本要求，即使是短期兼職也不例外，但這家公司卻沒有這麼做。結果，當新進員工向老闆提出問題時，他的回答是：「孩子，這種事情靠的是信念。」那麼，《社長的耳朵是驢耳朵》裡那位老闆，是不是也預設新進員工不該談論年假呢？

在演講現場我常被問到：「我們應該如何面對那些只關心權利卻不願盡義務的年輕世代？」這意味著他們只想享受公司提供的福利，卻不願意做好自己分內的工作。如果想獲得報酬卻不認真做事，這是有問題的。相反地，如果沒有做好工作，也應該為此「付出代價」。然而這並不是說，如果無法履行工作義務，就不應該享有權利。我們不應該將「沒能履行工作義務」解釋為「無權享有權利」。如果無法履行工作義務，應該剝奪的是「履行義務的資格」，而不是權利。

我們常常認為權利和義務等價且可以互換，但事實並非如此。權利就是權利，義務就是義務。例如，在韓國，國民享有《憲法》規定的五項權利和四項義務，假設某人未盡納稅義務，此時國家並不會剝奪其參政權等基本權利，只會針對未履行的義務予以相對應的懲罰。

職場上也是如此。如果一個人沒有克盡己職，「剝奪休假的權利」是錯誤的回應方式，「不再給他履行義務的機會」才是正確做法。因此，對於無法大量招募員工的公司來說，有必要制定長期策略，善用「試用期」。

創業四年，曾招募、資遣過無數員工的Urban Labs執行長金善鉉（김선현）表示：「我們不認為三個月的試用期只是單純用來培訓新人或是可以給付較少薪資的時期，所以我們在試用期不會減薪。這段時間對我們來說，是員工和公司確認彼此是否適合的時期，三個月應該相當充分。過了這段時期，即使已經產生感情，對於不適任的員工也要快刀斬亂麻，向他們據實說明原因，明確告知『無法一起工作』，果斷地結束這段關係。」

這正好呼應我先前提出的建議：「如果無法享受，那就避免它吧。」這不是說解僱就是萬用解方，但即使有些不近人情，也應該儘早釐清與不適任員工的關係。一旦過了試用期，這段關係就會變得難以釐清，到時該怎麼辦？

「領多少錢，做多少事」的心態

作家李瑞基（이서기）的小說《只做一人份的工》（暫譯，딱1 인분만 할게요）封面上有這樣一句話：「連二百萬都賺不到，為什麼我要做兩人份的工作？我領多少錢，就做多少事。」恐怕沒有比這句話更能讓職場前輩火冒三丈的了。這句話只是將「做多少事，領多少錢」的語序前後替換了一下，卻強烈地傳達出「不想做額外工作」的情緒。「只做一人份的工」這個書名也是一樣。因此，接收到這種言論的職場前輩，很難不跟著激動起來。

我認為新進員工之所以對這些事更加警覺，原因之一在於他們在學生時代經歷過的「分組報告」。對於在二十世紀度過學生時代的老一輩來說這也許很陌生，但Z世代非常熟悉分組報告這種授課方式，而這也是他們最不喜歡的活動。尤其Z世代的學生，不僅在大學時期要進行小組專題報告，甚至從中學或高中開始就有分組作業。進行分組報告的過程中，大多數人都碰過「搭便車」的組員。

當初之所以會將分組報告納入課程，是為了鼓勵多人合作，共同找出最佳方案，並在過程中培養合作精神。除此之外，這也是一種練習，讓學生在進入社會後能夠透過團隊合作解決問題。但現實狀況卻正好相反。事實上，在分組報告中一定能深刻體會到「共同負責就是無人負責」這句話的真諦。通常會由以組長為代表的幾個人負責全部工作，最後再與組員們分享成果。也就是說，如果小組中出現搭便車的人，其他組員勢必會蒙受損失。一旦有過這個經歷，學生就會認知到，如果主動去做一些責任範圍以外的事，就會成為自找麻煩的傻瓜。

當他們把這些經歷帶給他們的警覺心帶到社會上，就會出現問題。在與公司內部其他團隊合作，或者被調到跨任務編組（cross-task force，CTF）等協作組織工作以完成臨時專案時，他們往往高度警戒。如果在例行工作中增加協作業務或新任務，像是突然要求他們擔任小組專案的組長時，就會觸發他們的警覺心，脫口而出類似「那不是我的工作吧？」這種話。

這與老一輩「能者多勞」的做法互相牴觸。如今Z世代比較難接受「做得好就能得到更多工作，將來就會有回報」的良性循環。反之，他們認為這是一種被默許的不公平。因此，如果要增加他們的工作量，必須事先承諾會針對額外的業務進行補償。但是，現實中很難找到一個將薪酬流程詳細劃分的組織，因此Z世代不接受額外工作，自然就成為明智的選擇。

然而，值得思考的是，「大聲說出自己的想法」這件事是否真的明智。我曾在因緣際會下與韓國十大集團裡的某位執行長一起用餐，他認為部分年輕世代高喊「領多少錢，做多少事」的現象，不應該被視為態度問題。他堅稱，這類言論是關乎智力，而非態度：「說出這些話的年輕人把眼前的工作說得好像不是自己的工作一樣。也許他們以為自己很聰明，但事實正好相反，這樣的言行其實很愚昧。職場上的前輩之所以不說心裡話，並不是因為他們都傻瓜。事實上，很多前輩也都是『領多少錢，做多少事』，只是程度不同罷了。大家只是心照不宣地不說出真實感受，因為如果這樣說，對方可能會變成敵人。」

那麼，到底什麼才是「明智的選擇」呢？在這裡，我們需要參考經典賽局理論「囚徒困境」（prisoner’s dilemma）。囚徒困境中，兩名被懷疑為共犯的嫌疑人被各自叫到單獨的審訊室，給他們認罪的機會。如果兩人都沉默不認罪，將被各自判處一年監禁（因為他們不知道發生了什麼事）。如果兩人都認罪且互相指控，將被判處三年監禁（因為認罪無效）。如果一人認罪且指控對方，另一人沉默，那麼認罪的一方會被釋放，沉默的一方則會被判處十年監禁。在這裡，嫌疑人會考慮到底是認罪比較有利，還是不認罪比較有利。認罪等於背叛共犯，但如果共犯背叛自己，自己卻沒有背叛他，那麼吃虧的就只有自己。

這裡還有一個條件，那就是雙方不能對彼此的選擇採取任何報復。此時結果已經顯而易見，兩名嫌疑人都會選擇認罪。假設兩個人都為了自身利益做出理性的決定，那麼無論對方採取什麼行動，認罪都是有利的。不過這裡也藏著一個關鍵陷阱，那就是「一次性」這個條件會對結果帶來很大的影響。如果重複進行這個遊戲，這一局的結果就會影響下一局的結果。如果自己在這一局背叛了對方，對方可以在下一局報復自己，那麼雙方可能會朝著互利的方向，選擇對彼此都有利的「沉默」。

囚徒困境是集體行動問題（collective action problem）的典型案例。在這裡，對個人來說最佳的選擇對群體而言卻並非最佳。關於社會應如何引導個人為社會的最大利益讓步，囚徒困境帶來了許多啟發。

在此我們必須認知到，學校裡的分組報告和職場上的合作有著根本上的差異。如果說學生時代的分組報告大多是一次性，那麼職場上的合作則大多是重複性的。這麼一來，如果以「那不是我的工作吧？」為託辭來迴避工作，一時之間或許能得到好處，但如果考慮到組織內部的「評價」體系，長遠來看就有可能蒙受損失。

在當前這種情況下，我們該如何處理共同的業務呢？有兩種選擇。第一是放棄，認為「ＭＺ世代很死心眼」的老一輩，在與年輕世代共事時反而更常主動分工合作。這是因為實在看不下去了，只好親自來做。短時間內這個方法可能會讓局面變得比較輕鬆，但無法持續太久。應該是說，增加的工作量實在很難讓人感到輕鬆，這個方法頂多只能避免眼前的衝突。

第二則是想辦法讓年輕世代親自動手。過去我做過各種工作，後來輾轉成為一名品牌行銷人員。行銷人員的考核是以各自的銷售額和盈虧為依據，因此要將團隊的共同任務分配給每個人，並不容易。但我們沒有因為看不慣就自己採取行動，而是在遇到需要共同處理的任務時召開正式會議。我們把「大家都討厭的業務」盡可能地分割、拆解，再分配給每個人。雖然很難做到完全公平，但重要的是沒有人會在背後吐苦水。至少分工的協議是在所有人都在場的情況下達成的，這就沒有什麼好抱怨的了。

區分合理和不合理的要求

韓文裡「甲方行徑」（갑질）一詞，通常指的是社會上處於優勢的人濫用自己的地位，對弱者橫行霸道。由於「甲方行徑」這種蠻橫行為臭名遠播，其他國家的媒體有時甚至直接將這個用語依照韓文發音標記為「Gapjil」*67。

甲方行徑有各種型態，但傳統的甲方行徑是指顧客的霸道行為。最具代表性的就是

* 《紐約時報》對「Gapjil」的定義是「行為舉止像封建領主的經營管理者，對下屬或承包商進行不合理的欺凌」。

稍有不滿就高喊：「你不知道我是誰嗎？」或「叫老闆出來！」在這種情況下，人們通常認為聲音越大，贏面就越大。進入二十一世紀後，這個型態的甲方行徑已經明顯減少。因為隨著閉路監視器和攝影機逐漸普及，加上智慧型手機和網路高度發展，想仗勢欺人變得比以前更難。

然而，現在有一種「新型態甲方行徑」正浮出檯面*。這種甲方行徑的武器已不再是聲音的大小，而是完美的邏輯。其特點在於，他們認為自己的邏輯無懈可擊，對方無法反駁，總是試圖證明「我是對的，你是錯的」，好讓對方屈服，也會威脅要把對方的言行傳上網，讓對方難堪。

如果他們真的提出了縝密周全的邏輯和合理的原則，任何人都很難阻止他們。然而，要是真的如此，就不會說是「新型態甲方行徑」了。細看他們的邏輯，會發現在多數情況下都是在追求自身利益，卻假裝自己的論點是為了整體利益著想。即使他們的論點被發現前後矛盾，他們也常堅持自己所說的是正確的。

因此，處理組織中這種新型態甲方行徑的第一步，是先釐清他們提出的要求究竟是合理的還是不合理的。以下列舉兩個案例。

第一個是發生在一家大企業的真實案例。C公司的行銷團隊即將推出新產品，距離正式上市只差總經理的最後批准。但是總經理日程排得很滿，很難抽出時間聽匯報。所以匯報時間安排在某個工作日早上六點半，由一位負責實際業務的二十幾歲組員、一位三十幾歲的資深行銷人員和一位四十幾歲的組長共同進行。所幸匯報在五分鐘內完成，新產品的上市也順利獲得批准。

然而，報告結束後，二十幾歲的組員一臉不悅地走出會議室。三十幾歲的行銷人員問他為什麼不高興，他不滿地說：「上班時間本來是八點半，現在豈不是平白損失了二個小時嗎？」四十幾歲的組長在一旁聽到這句話，頓時感到火大，嚴厲地反駁：「難道只有你一個人提早來嗎？你怎麼這麼自私，只顧著自己？我平常也是八點半上班啊！」氣氛頓時緊繃起來，三十幾歲的行銷人員夾在中間，不知如何是好。

* 有時，這種新型態甲方行徑也會出現在二、三十歲的年輕人身上，他們因而被稱為「年輕刁民」。然而，這種說法並不恰當，因為沒有明確的證據顯示這種新型態甲方行徑只出現在年輕世代的身上。

在上述案例中，「為了匯報而損失二個小時」的想法，是否像組長所說的那樣，是既自私又不合理的判斷？單就事實來看，那位組員比正常上班時間提早二個小時到達公司，因此他加班了二個小時。就算他是為了匯報自己負責的產品，加班依舊是事實。

於是，三十幾歲的行銷人員決定緩頰。他向組長提議：「組長，我們一年也就跟總經理報告一到二次。說實話，有組員缺席二小時，對我們十幾個人的團隊業務也不會造成多大的影響，不如就讓他休假二個小時吧。」組長接受了這個建議。組員的抱怨實際上是「合理」的，因此上司最後也做出適當的處置。

另一個案例發生在同為大型企業的S公司，一位管理十人小組的四十幾歲A組長正在協調組員的工作。當時，二十幾歲的員工B對業務調整提出了異議，表示不能接受：「我喜歡現在的工作，我進來這間公司就是為了做這個工作。坦白說，我不升遷也沒關係，但是如果調整我的業務內容，我會正式向人力資源部門投訴，或者考慮辭職。」

A組長對這個要求深感困擾。其實也不是不能同意B的要求，但這樣很可能引發其他員工的不滿，況且B的工作表現也不甚理想。然而，B態度強硬，甚至考慮辭職，這讓A組長連續幾個晚上都睡不好。在這個案例中，員工B堅持繼續做自己負責的工作，這種態度到底是合理還是不合理呢？在進行判斷時，最重要的是將工作表現納入考量。如果B表現夠出色，就能說服其他組員讓他繼續負責現在的工作。然而事實上，B的表現不夠理想，因此他的要求是「不合理」的，不能被接受。

第十三章

這時代最需要的能力

人們依然無法獨自生活

二〇二〇年代，ＡＩ熱潮超越了數位轉型（digital transformation），可以說是開發人員的黃金時代。程式設計熱潮不僅襲捲了就業市場，也在教育市場衝出重圍，如今不再是「國、英、數」時代，而是「國、英、數、編碼」時代。但是一位開發人員需要具備什麼能力呢？大家或許理所當然會認為是程式設計能力。然而事實上，問卷調查結果顯示，在招募開發人員時，公司著重考量的是應徵者的溝通能力。

二〇二三年，人力資源科技公司 Wanted Lab 對二百四十九名曾任面試官的開發人員，針對招募時最重要的評估因素進行調查。結果顯示，「溝通能力」以七七・

六％位居第一，是面試官認為開發人員最需要具備的能力。其次是「專案經驗」，占七五％，「成長潛力」則以六一．二％位居第三，「開發經驗」僅以五八．六％排名第四。

為什麼會有這樣的調查結果？關鍵在於開發人員也在公司這個組織內與他人協作、處理業務。例如，經營綜合入口網站的公司要策劃開發針對嬰幼兒的新服務，就必須蒐集準確的顧客和市場需求，彙整後反映在服務的開發和經營中。為此，蒐集和分析相關客戶意見的部門、總管這些服務的專案經理，以及能夠將詳細要求轉化為實際服務的開發人員，彼此之間的合作和協調相當重要。無論這些服務的UI／UX再怎麼美觀、花俏、容易操作，如果目標客戶群的使用率低，服務不被重視，那麼就不能稱之為恰到好處的服務。在這樣的開發環境下，對開發人員來說溝通當然是最重要的能力。

總而言之，在AI時代，開發、管理AI服務的開發人員所需的能力，無非是能夠以數位的方式工作，同時又能以類比的方式順暢地與他人溝通和合作。

在積極建構和提供包括ChatGPT在內的生成式AI生態系的過程中，整個社會體系和企業所需的能力也將有所不同。尤其是生成式AI技術的發展，將為企業中所有領域，包括企劃、經營和一般文件編寫等，帶來重大改變。此外，與撰寫文件密切相關的職業，像是作家、記者和法務專家等，在不久的將來可能會被ＡＩ取代。日本於二〇二三年五月開始透過 ChatGPT 提供免費法律諮詢服務，而與之相關的倫理爭議也成為新興議題。事實上，二〇二三年哥倫比亞（Colombia）一名法官透露自己曾使用 ChatGPT 撰寫判決書，因而引發爭議。如今一般民眾也能流暢地使用 ChatGPT，然而問題是，ChatGPT 生成的內容，該如何確認並主張其原始著作權？如果處理不好，衝突可能會進一步擴大。

如今，越來越多跡象顯示許多工作將會被ＡＩ取代，這類觀點也逐漸占上風，但我們現在需要關注的是另一個問題。首先，ＡＩ取代的不是人類，而是性能較差的其他ＡＩ。此外，人類並不是被ＡＩ取代，更準確地說，是「無法正確運用ＡＩ的人」被「能夠正確運用ＡＩ的人」取代。

重點是，過去我們會為了找到一個好的答案而付出無數努力，如今這樣的努力已經不再那麼重要。ＡＩ能夠快速、熟練地提供答案，過程中不會發脾氣，還能快速糾正錯誤。因此，站在公司的立場，未來投注於尋找正確答案的時間和精力將會減少。

但是有一項能力的重要性將會更受到矚目，那就是「正確提問」的能力。AI擅長尋找已經存在的答案，但無法創造世界上不存在的新問題。當然，現在也出現了新的AI模型，AI之間會互相提問，但這些終究是利用既有的語言模型，模擬各種可能的情況後產生的結果。因此，在生成式AI問世後，同時具備數位式與類比式思維、能夠提出新穎、獨特的問題，將成為未來不可或缺的能力。

二〇一六年，Google的AlphaGo以壓倒性比分戰勝了韓國圍棋九段棋士李世乭（이세돌），AI自此引發全球矚目。當時大多數人認為無論AI如何發展，都無法在有著無限可能性的圍棋對弈中超越人類。然而這種觀點沒能維持太久，與AlphaGo對弈的結果顯示人類似乎不是AI的對手。

但也有相反的案例。二〇二三年二月，美國FAR．AI研究中心研究員凱林．佩爾林（Kellin Pelrine）與圍棋AI程式KataGo展開十五局對弈，最終在十四局中取勝。自九段棋士李世乭之後，人類時隔七年首次在與AI對弈的圍棋比賽中獲勝。不過，擊敗ＡＩ的佩爾林其實並非當時最強的人類棋手，甚至不是職業棋手，實力在美國業餘圍棋中大約排名第二。那麼佩爾林是如何擊敗KataGo的呢？祕訣在於他與眾不同的策略。

根據《金融時報》報導，佩爾林採用不同於常規的手法對抗KataGo。例如，他會將棋子下在棋盤角落，分散ＡＩ的注意力，再圈起一大片區域包圍對手大龍。ＡＩ一旦無法讀懂不熟悉的戰術，便會兵敗如山倒。策動此次勝利的ＦＡＲ．ＡＩ研究中心執行長亞當．格利夫（Adam Gleave）表示：「為了找出KataGo的弱點，我們測試超過一百萬次，接著再制定對弈策略。」他補充道：「令人驚訝的是，開發這套找出ＡＩ弱點的系統，出乎意料地容易[68]。」

這場比賽為人類看待ＡＩ的觀點帶來更多的啟發。最重要的是，ＡＩ是從過去的數據中學習，在面對不熟悉的策略時終究無法做出適當的反應。佩爾林在這場比賽中使用的戰術對人類棋手來說可以很輕易察覺，但擅長複雜運算的ＡＩ反而無法看穿這個簡單的伎倆。

加州大學柏克萊分校（University of California, Berkeley）電腦科學教授史都華・羅素（Stuart J. Russell）向《金融時報》表示：「ＡＩ只能應用既有數據中極為普遍的情況，而人類往往會高估這一點。」因此，ＡＩ即便可以大幅提升未來的工作效率，但它無法取代更重要的創造力。

數字的背後是「人」

二〇二二年杭州亞運會，電子競技首次被列為正式競賽項目。韓國在《英雄聯盟》（League of Legends，ＬｏＬ）和《快打旋風V》（Street Fighter V）賽事中分別奪得金牌。值得注意的是，雖然都是電子競技，但在兩項賽事中奪牌的選手卻來自不同世代。《英雄聯盟》的核心陣容是由二十幾歲的玩家所組成，《快打旋風V》的冠軍則是一位出生於七〇年代的四十幾歲玩家，也就是所謂的第一代遊戲玩家。這個現象在網路上引發了熱烈討論，將網路遊戲《英雄聯盟》和源於街邊遊戲機的《快打旋風V》相互比較。

在《英雄聯盟》裡經常看到「保衛老媽」這句話，意思是必須在遊戲中表現出色，

以免父母被其他玩家咒罵。那些喜歡在街邊遊戲機和網咖玩遊戲的上一代玩家之所以難以適應《英雄聯盟》，就是因為無法忍受遊戲中無端謾罵的風氣。不過，雖然令人驚訝，但在遊樂場或路邊玩遊戲機的時候，也能看到玩家之間互相謾罵。《快打旋風V》的金牌得主金管禹（김관우）受訪時說：「我從小就很會打遊戲。我在遊樂場格鬥遊戲中不斷獲勝，還曾經被哥哥們拖出去罵。」這段採訪內容或許可以讓讀者們感受一下當時遊樂場的氛圍。

當時在遊樂場不只會有言語上的辱罵，甚至會受到嚴厲的懲罰。YouTube 頻道「中年遊戲玩家金實長」（暫譯，중년게이머 김실장）曾發布一支影片，標題為〈我們真的了解孩子們玩的遊戲嗎？他們是否過度沉迷呢？〉（우리는 아이들의 게임과 과몰입을 제대로 이해하고 있을까？）。影片中邀請了現任教師進行訪談，主要探討在遊樂場學到的禮貌和尊重。原因並不特別，就是基於生存本能。在遊樂場玩格鬥遊戲，輸掉的時候不能咒罵對方，贏的時候也不能嘲笑對手，因為對手就坐在對面。影片中受訪者也認為如今網路遊戲之所以髒話氾濫，是因為玩家沒有意識到螢幕的另一端是活生生的

人。

這句話的重點並不是說過去的遊戲機世代比現在的線上遊戲世代更有禮貌，而是說，當時的環境讓人們不得不遵守禮節。網路和數位科技帶來了便利，但也讓我們忘記「螢幕的後面有人」這個事實。

公司也是人們活動的地方，年輕世代如今在辦公室裡令人尷尬的言行舉止，難道不是我們的工作環境所造就的嗎？如今在沒有他人的情況下，我們也能完成自己的業務。經歷新冠疫情之後，現在我們即使不在家工作，也已經習慣透過電子郵件或簡訊等管道進行互動，無須實際與人見面。

在一場為政府高層官員舉行的講座上，會後問答環節時有人問我：「對於如今年輕世代在工作中錄音的行為，您有什麼看法？」當然，我不贊同在工作中錄音和監視他人一舉一動的文化。雖然世界上許多事物都已經數位化，但這不表示一切因應方式也都需要數位化。所有小事都講求規則、所有衝突都用法律解決，這樣的做法只會讓韓國社會變成「訴訟國家」。

想防止公司有人偷錄音只有一種方法，那就是每天在入口處對所有進入公司的員工搜身、檢查隨身物品，再用膠帶把搜出來的相機鏡頭遮住，阻斷任何被錄音或錄影的可能。另一種方法則是沒收所有數位設備。別驚訝，有些將資訊安全視為最優先考量的研究機構和生物科技公司已經開始採取這類措施。

但是，大多數組織不會採取這種有違人權的做法，現實中也沒有其他可以阻止錄影或錄音的方法。假設公司內部所有對話都可能被錄下來，那麼彼此小心言行是唯一的辦法。不過，除非是在工作中出現暴力行為或侮辱性言辭等極端狀況，否則一般辦公室職員很少會把職場中的日常對話全部錄下來。

當然也有例外的狀況，比如說年終績效的回饋面談。許多組織正採取績效導向的方式，因此許多人開始注意每隔一段時間就會進行一次的績效評估是否公平，也開始有人對評估方法感到不信任。於是，越來越多人決定在回饋面談中錄音，對於提問也抱持謹慎的態度。

在我工作的新創公司，會試著坦然面對雙方的立場，在面談一開始就開誠布公：

「現在我將告知來自主管、部屬、同儕評價等多個面向的評估結果。我們已盡一切努力做到公平公正，但可能仍有缺漏。因此，如果您認為有疑慮，可以對這次面談進行錄音。」通常沒有人會在聽到這些話之後興奮地拿出藏在身上的錄音機。坦然承認評估系統本身的侷限性，並且一開始就讓對方知道有任何疑慮都可以提問，多數人在這樣的情況下都會認真地看待績效面談。

辦公室裡的職員不是機器，在工作中對待他人的態度可能很嚴肅、強硬，但藉由一些機會，我們可以再次展現人性的一面。我們需要這樣的時刻。有時我們可以像機器一樣工作，但在人與人的關係中，有必要彼此交談、分享想法。這比互相猜忌、保持警戒、用法律和原則解決所有問題還要好得多。

幫助年輕世代學習失敗

二〇一九年，有一封企業主管寄給新進員工的群發郵件在網路上引發熱議，郵件內容是這樣的：「我想再次告誡所有新員工，當進行一些工作或任務等與公司生活相關的something時，請遵守時間表。something的結果只有兩個。一個是quality，一個是schedule。說實話，新進員工之間可能存在相對的差異，但是考慮到公司全體成員的水準，各位的something相對來說quality較低。所以請大家至少要遵守schedule。即使你很會笑著打招呼，這樣也不會加分的。不要一到六點就回家，做完該做的事再回家吧。現在連公務員都不這樣上班了[69]。」這封信在Blind等社群平台上流傳，引發相當大的爭議。網友們批評這位主管英文生硬、不了解公務員工作、漠視每週五十二小時工作制，以及試圖整頓紀律的態度等。

但這封郵件不僅態度有問題，內容也有問題。這位主管強調工作品質和遵守時間安排，並要求員工「至少要遵守schedule」。如果實際按照他所指示的去做，會出現什麼情況？十之八九會是一場災難，發號施令的主管恐怕必須重做那項任務。

最近主管們對部屬的抱怨也大同小異。他們不僅不滿團隊成員沒有準時完成工作，也不滿成果沒有達到期望的水準。他們坦言，即使是簡單的市場研究或撰寫報告，常常只在時程和數量上達標，其他細節方面的工作都必須再由主管接手。雖然這與工作熟練度有關，但更明顯的不同在於工作氛圍改變，也就是團隊成員會認為「只要我在規定的期限內完成工作，我的任務就算完成了」。

朴鼎浚（박정준）在著作《跟貝佐斯學創業：我在Amazon 12年學到再多錢都買不到的創業課》（나는 아마존에서 미래를 다녔다）中，提到「技術債」一詞。在亞馬遜（Amazon）裡經常使用這個詞，指的是如果總是想以簡單的方式隨便處理事情，時間越久，最終需付出的代價越大。

如果接受過各種培訓，也經歷了新進員工入職流程，那麼某種程度上可能不會在完成任務的過程中遇到什麼困難。但是，若要徹底完成一項任務，就需要不斷地溝通，了解交辦任務的人有什麼意圖和標準，並真誠地付出努力完成任務。如果不這麼做，技術債就會不斷累積，而且這個壓力必然會回到主管身上。

為了減少技術債，「成長法則」很重要。日本漫畫《灌籃高手》的主角櫻木花道就是一個例子。這部漫畫描繪櫻木花道從新人成長為真正的籃球運動員的過程。櫻木花道原本是個連籃球基本知識都不懂的門外漢，但他以飛快的速度一步步打下基礎，最終在擊敗最強高中校隊的比賽中扮演了關鍵角色。

櫻木花道的特點是成長速度驚人。領悟力極高的他能夠將賽前學到的經驗迅速運用在比賽現場，臨機應變的能力也很出色。但是，櫻木花道在比賽中做不到一件事，那就是防守。曾在賽場上與櫻木花道交手的牧紳一對他說，防守的關鍵在於預測對手的動作，仰賴的是經驗，而非動物本能。

二〇二〇年代的商業界前輩們異口同聲地說，現在的新進員工真的很聰明。對於那些資歷不凡、在激烈競爭中脫穎而出的人來說，這無疑是一種盛讚。然而，再怎麼聰明的人，如果沒有累積經驗，也很難徹底做好自己的工作。而這些有助於完成工作的經驗，通常都是建立在「失敗」的基礎上。

然而，如今聰明的Z世代並不習慣失敗，不過這也不代表他們是軟弱的一代。之所以會有這樣的結果，是因為熟悉數位化的他們，始終以「把失敗降到最低」為目標在生活。他們從出生至今，都別無選擇地身處「不必失敗」的環境，因此對他們來說，「失敗是成功之母」這句話沒什麼說服力。

老一輩幫助他們成長的方法，就是「幫助他們學習失敗」。他們親自經歷過的失敗，將成為刻骨銘心的教訓，更會成為成長的契機。那麼，我們該如何幫助他們失敗？又該如何給予回饋？

圖表十一有兩個軸*。橫軸是「冷靜的直接評價」，給予回饋首先需要一個「評價」的過程，而這樣的評價必須準確、客觀且基於事實。縱軸是「溫暖的人性關懷」，之所以需要同時帶有溫暖的關懷，是因為給予回饋的目的不是貶低對方，而是為了創造更好的成果。唯有將這兩個軸相互結合，才有可能落實真正的回饋。

但現實中，很多時候人們會刻意避免冷靜客觀的評價或溫暖人心的關懷，也就是說他們不願意給予回饋。自從韓國《職場霸凌禁止法》實施以後，越來越多人認為自己可能會在實際對話中被抓住什麼把柄。從組織的立場來看，迴避回饋是最糟糕的情況。如

* 圖表十一的靈感來自《徹底坦率：一種有溫度而真誠的領導》（*Radical Candor: Be a Kick-Ass Boss Without Losing Your Humanity*）作者金．史考特（Kim Scott）提出的「徹底坦率框架」（radical candor framework）。但是他提出的「徹底坦率」很難反映於韓國企業。我認為依照情緒的冷暖屬性來劃分象限，更適合韓國的組織文化，並據此做了些調整。

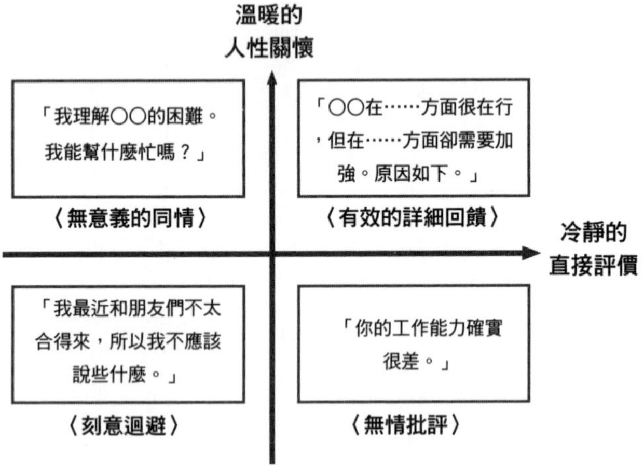

圖表十一　幫助失敗的回饋類型

果只想減少不必要的衝突，不僅無法改善工作狀況，在極端的情境下，甚至可能放棄最基本的溝通。

既然很難給予冷靜的評價，那麼只給予溫暖的關懷呢？出乎意料地，有許多團隊領導者都紛紛表示：「現在的年輕世代喜歡被稱讚，不願意接受批評。」但是，如果領導者沒有直接對錯誤的結果提出建議，員工的工作能力也無法有所改善，如此一來責任和壓力還是會完全落在領導者身上。一個組織需要的是公正的領導者，而不是好前輩。

反之，如果只給予冷靜的評價而沒有任何溫暖的關懷呢？事實上，這在過去的組織中很常見，不過當時常見的不是冷靜的評價，而是冷酷無情的批評。甚至，比起不帶私人情緒、對工作表現本身提出的客觀評價，更常發生的是殘酷的排擠和強迫。

缺乏人性關懷的回饋可能會促成致命的制度，二〇二一年 Kakao 內部引發爭議的人事評估制度就是一個具代表性的例子。根據 Blind 上 Kakao 留言板的貼文，當時 Kakao 每年年底都會進行多元績效評估。在「同事評價」部分有兩個問題，一個是「你還想和這位同事一起工作嗎？」另一個是「如果公司有一個專案要求出色的表現，你願意和這位同事一起工作嗎？」評價者可以回答「想一起工作」、「無所謂」、「不想再合作」和「無法決定」，被評價者則只看得到「不想再合作」的人數占比，而且無法得知原因[70]。

此外，此次評估結果將提供給全體員工，並與全公司平均值進行比較，這已經是公開羞辱的程度。雖然該公司表示有其他單獨的主觀評價結果，但這種製作並公開負面評價的做法，依然缺乏人性關懷。留言板上不斷有人揭露 Kakao 的人事評估制度具有致命的殺傷力，Kakao 只好將相關的人事評估項目刪除。

當然，人事評估不應該包含評價者的個人情緒。然而，從上述案例可以看出，回饋不應該只基於數字，而應該是來自個人的、直接的回饋，並且其中要飽含溫暖的人性關懷和人情味。這並不是說一定要同情或理解被評價的對象，而是應該將被評價者視為一個人，以激勵他的積極發展為出發點來進行評估。如此一來，這份回饋將會有效且真誠，其中不只有公正客觀的直接評價，還充滿了溫暖的人情味。

後記

看看現在的一代，就能看見現今的時代

二〇一七年，有消息指出歌手徐太志（서태지）將在 V Live 上直播，此時人們出現了兩個完全不同的反應。一部分人對徐太志是誰感到好奇，另一部分人則對 V Live 是什麼感到疑惑。當時十幾、二十幾歲的人，大多不知道徐太志是誰。

徐太志一直到二〇〇〇年代中期都還活躍於螢光幕前，因此部分出生於九〇年代的人還認識徐太志，但很多二〇〇〇年後出生的人都表示，這是他們第一次聽到徐太志這個名字。反觀那些在九〇年代度過青春期的人，他們不可能不認識徐太志這號人物。徐太志被稱為韓國的「文化大總統」，也是X世代的代表人物。不過很多認識徐太志的人反而不知道 V Live 是什麼，可能可以猜到是某種用來直播的應用程式，但不知道是誰負責經營，也不知道該如何操作，因為他們以前從未見過這個東西。

本書講述的主角，是「知道 V Live 是什麼，但不知道徐太志是誰」的世代，也就是Z世代。反過來說，本書是寫給「知道徐太志是誰，但不知道 V Live 是什麼」的世代看的。

Z世代是指二〇〇〇年至二〇〇九年間出生的人。其中二〇〇〇年出生的人被稱為預示著新的千年已經到來的「千禧寶寶」。這些千禧寶寶們如今已經二十幾歲，即將步入社會，韓國社會即將迎接「Z世代」職場新人。

在全球化時代成長的韓國Z世代，與美國的Z世代、中國的〇〇後、日本的平成世代有許多共同點。然而，他們也有自己的個性，不受特定世代的束縛。如何均衡掌握所有這些複雜的特性顯得非常重要。但不幸的是，韓國Z世代經常被與「MZ 世代」這個古怪的名稱連結在一起，總是被簡稱為「時下年輕人」。然而，真正的問題不在於「MZ 世代」這個用語，而在於我們看待世代的方式太過懶惰。

德國記者卡羅琳·恩可（Carolin Emcke）在著作《差異自由消失的年代》（*Gegen Den Hass*）中寫道：「被憎恨的某個存在是模糊不清的。要徹底討厭正確的事物並不容易[71]。」正如她所說，我們需要明確地看清如今這個正叩響社會大門的新世代。

為了正確地看待這一代人，我們必須打破自X世代以來延續至今的刻板印象，不再把他們視為「有個性卻不懂事的時下年輕人」。我們應該仔細觀察他們各自的不同個性和傾向，全面且詳細地檢視他們成長的時代背景與他們之間的關聯。

一如出生於九〇年代的人在二〇一〇年成為二十幾歲的時代寵兒，二〇〇〇年代出生的Z世代在二〇二〇年代順理成章地成為社會新鮮人。公務員是九〇世代年輕人之中最熱門的職業之一，但到了二〇二〇年代，公務員的人氣一落千丈，過去的榮景彷彿不曾存在。

那麼，如今的Z世代究竟偏好什麼職業？很遺憾，我們沒有辦法對這個問題給出想要的答案。為了尋找答案，問題的重點不在於職業類別，而是在於他們是否想工作。

不久前，二〇〇二年生的美國網紅布列爾．阿瑟羅（Brielle Asero）在抖音上發布短片，哭訴「朝九晚五工作太辛苦」。這支影片頓時成為熱門話題，觀看次數超過二千萬。阿瑟羅在影片裡說，她剛從大學畢業，從事行銷工作，從紐澤西（New Jersey）的家到紐約的辦公室單程就需要花費二個小時的通勤時間。每週工作四十小時，讓她沒有時間和精力與朋友見面或在下班後下廚。這支影片收穫了許多共鳴，很多人認為每週四十小時工作制已經是落後的制度。

過去，我們會認為，無論是大企業還是小公司，進到一家公司工作都是理所當然的事。唯一的差別在於，出生於九〇年代的人在剛踏入社會的時候，比較偏好公職工作。在這個情況下，「上班工作」的前提並沒有改變，只是雇主變成了政府。然而，正在步入社會的Z世代已經不願走入這樣的生活框架。每週工作五天或每週工作四十小時這種傳統的工作模式，對他們來說已不再是理所當然。

這是韓國社會面臨的新挑戰。事實上，目前二十出頭的Z世代中，每週工作時間超過三十六小時、從事全職或類似全職工作的人數正大幅減少，從事短期工作的人數則急遽增加。有媒體甚至對此表示：「Z世代『遲到』了[72]。」然而，Z世代並不是遲到，而是他們有可能永遠不會來。

從現今的世代，我們就能看見現今的時代。同樣地，從現今的時代，我們也能看見現今的世代。因為一個國家的年輕世代就像一面鏡子，可以反映出社會的真實面貌。他們是生活在未來時代的世代，讓我們與這本書一起拭目以待。

註釋

第一章

1. 「『그냥 쉬는』2030，70%는 부모집에……60대 엄마는 일터로」，《중앙일보》，2023.07.17.
2. 「구직 않는 20대…… 인구·취업자 주는데 『쉬었음』은 지속 증가」，《조선일보》，2023.06.18.
3. 「『구직 활동 하면 뭐해요?·안 뽑는데』……그냥 쉬는 2030대，60만명」，《조선일보》，2023.06.19.
4. 『아，보람 따위 됐으니 야근수당이나 주세요』，히노 에이타로 지음，양경수 그림，이소담 옮김，오우아，2016，p.7.

5. 「한국 노동시간 OECD 4위……『주당 3.8시간 줄여야 평균』」，KBS 뉴스，2023.04.23.

6. 「임금체불 한해 1조 3천억원……상습체불 사업주 신용대출 제한」，《연합뉴스》，2023.05.04.

7. 「『한없이 미안합니다』 소아청소년과 의사회 『폐과』 선언」，《의약뉴스》，2023.03.29.

8. 「국민 목숨이 왔다갔다하지만 공무원들은 『기피 1순위』 부서」，*NEWS 1*，2023.08.07.

9. 「『흉악범죄는 테러』……급박 상황 시 경고없이 실탄 사격，《뉴시스》，2023.08.04.

第二章

10. 『책 한번 써봅시다』，장강명 지음，한겨레출판，2021，p.63.

11. 기상청 날씨누리（https://www.weather.go.kr/w/typhoon/basic/info1.do）
12. 『총，균，쇠』，재레드 다이아몬드 지음，강주헌 옮김，김영사，2013，p.231-238.
13. 「신문 속에서 만난 X세대의 순간들」，《경향신문》，2020.10.24.
14. 「이전 세대들과 확 다른 신인류，성숙한 어린이들인 『업에이저』에 주목하라」，강지남，*DBR*，355호（2022년 10월 Issue 2）
15. 『세대 감각』，바비 더피 지음，이영래 옮김，어크로스，2022，p.30.

第三章

16. 「〔영상＋〕『제발 당기시오』 써놔도 사람들이 문을 미는 이유」，《한겨레》，2019.05.01.
17. 『어쩌다 한국인』，허태균 지음，중앙북스，2015，p.66.
18. 『각개약진 공화국』，강준만 지음，인물과사상사，2008，p.4.
19. 「『아침마당』『90년생이 온다』임홍택 작가『20대，회식 극혐이라고 생각……

개인시간 중요』고명환·신은숙·이호선 의견은?」，《탑스타뉴스》，2019.12.05.

第四章

20. 「공익 신고 10년 새 13배『껑충』，도로교통법 위반 최다」，국민권익위원회 보도자료，2023.07.03.

21. 「9만원 벌금딱지를『9만원 상품권』이라 부른다……신고가 취미인 그들」，《조선일보》，2022.06.23.

22. 「『직진·우회전 차선』뒷차에 양보하다 정지선 넘으면 벌금 뒷차도 앞차 몰아내지 말아야」，《시빅뉴스》，2019.09.19.

第五章

23. 「영화관，세로읽기 한글 자막 사용해 관객 불편 강요」，MBC 뉴스데스크，1996.09.01.

24. 「『한산』에도 한국어 자막……『현장감·대사전달력 모두 잡았다』」, 《연합뉴스》, 2022.08.27.

25. 「지상파 드라마에 한국어 자막이? 67년 관행이 바뀌다」, 《한국일보》, 2023.02.16.

26. 「『밀수』에는 있고 『콘크리트 유토피아』는 없는 한글 자막」, 《IT 조선》, 2023.08.03.

27. 「5년새 소아과 13%감소, 정신과는 77%늘어」, 《데이터솜》, 2023.05.25.

28. 「『상담심리사』와『심리상담사』는 뭐가 다르지?……4,400여개 자격증 괜찮나」, 《서울경제》, 2019.07.05.

29. 「『콜포비아』에 떠는 MZ 세대……『학원서 대면 스피치 배워요』」, 《동아일보》, 2023.02.04.

30. 「지금 MZ 고객님은 전화를 받을 수 없습니다」, *The Psychology Times*, 2022.12.25.

31. 「음성 SNS 시대는 갔다?:침몰하는 플랫폼들」,《테크플러스》,2022.04.07.

32. 「클럽하우스는 더 이상 살아남지 못할 수도 있다」,《오마이뉴스》,2021.02.16.

33. 「『천재』최남선에게『요즘 젊은애들은 한자를 너무 몰라』혀를 찬『전설』」,《경향신문》,2023.09.26.

第七章

34. 조은일,오승희(2020)EAI 워킹페이퍼 한일관계 세대분석_안보:청년세대(MZ 세대)가 바라보는 한일 안보관계 재단법인 동아시아연구원.

35. 「『스즈메』보면『예스 저팬』?『아니죠,예스 신카이 마코토입니다』」,《경향신문》,2023.03.22.

36. 「카드 제작 썰로 엿듣는 MZ 세대 소비 근황」,신한카드 블로그,2023.05.16.

37. 「OTT 성장해도 극장은 매출 절벽……영화업계『무너진 기반 살려야』」,《한겨레》,2022.04.19.

38. 「2022년 한국 영화산업 결산 보고서」,영화진흥위원회 연구본부 영화정책연구팀,2023.02.20.

39. 「영화값 10만원 훌쩍……관객과 『헤어질 결심 영화관들?』」,《노컷뉴스》,2023.01.23.

40. 「개봉작 반토막,점유율29%……한국 영화 최악의 위기」,《조선일보》,2023.04.15.

41. 「한국 영화,지금이 『골든 타임』……이대로는 미래 없다」,《부산일보》,2023.04.11.

第八章

42. Cook, P. J. (1988). A Meta-Analysis of Studies on Self-Concept between the Years of 1976 and 1986 (Doctoral Dissertation, ProQuest Information & Learning) & Brinthaupt, T. M., & Erwin, L. J. (1992). Reporting about the Self: Issues and Implications. *The Self:*

Definitional and Methodological Issues, 137-171.

43. 『선을 넘는 한국인，선을 긋는 일본인』，한민 지음，부키，2022，p.112.

44. 『어쩌다 한국인』，허태균 지음，중앙북스，2015，p.31.

45. 「『홍민이 형한테 왜 그랬어？』 철기둥 김민재도 무너뜨린 『언팔』 후폭풍」，《조선일보》，2023.04.08.

46. 「반말 응대한 20대 편의점 알바에 욕설한 70대 노인 2심도 유죄」，《아시아경제》，2022.08.28.

47. 『커뮤니티 자본론』，전정환 지음，클라우드나인，2023，p.58.

第九章

48. 한민，이누미야 요시유키，김소혜，장웨이（2009）새로운 문화—자기관 이론의 국가간 비교연구：한국，중국，일본 대학생들의 자기관・한국심리학회지：일반，28 (1), 49-66.

49. 「주식거래계좌 수 경제활동인구 넘어서……사상 첫 3000만개 돌파」,《한국경제》, 2020.03.11.
50. 「2021년, 증권가 MZ 세대 점령……투자성향 공격적『고위험 고수익』」,《뉴스투데이》, 2022.01.01.
51. Moore, O. K. 1957. "Divination- A New Persperctive" American Ambropologist 59:69074.
52. Dove, M, 1993, "Uncertainty, Humility and Adaptation in the Tropical Forest: The Agricultural Augury of the Kantu." *Ethnology* 32(2): 145-167.
53. 「임금 안 깎고 『주4일제』……실험 참여한 영국기업 92%, 유지키로」,《한겨레》, 2023.02.22.
54. 「월화수목『일일일』……영국 주 4일제 파격 실험의 감춰진 진실」,《중앙일보》, 2023.03.16.
55. 「세브란스 간호사 주4일제 해보니『임금 10% 깎아도 행복』」,《한겨레》, 2023.10.12.

56. 「선 넘네……좌석 등받이，어디까지 젖혀야 하나요?」，《조선일보》，2023.10.28.

第十章

57. Delfosse, V., Dendele, B., Huet, T., Grimaldi, M., Boulahtouf, A., Gerbal-Chaloin, S… & Bourguet, W. (2015). Synergistic Activation of Human Pregnane X Receptor by Binary Cocktails of Pharmaceutical and Environmental Compounds. *Nature Communications*, 6(1), 8089.

58. 「2분기 출산율『역대 최저』0.7명……상반기 출생아 6.3%줄어」，《중앙일보》，2023.08.30.

59. Becker, S. O., & Woessmann, L. (2008). Luther and the Girls: Religious Denomination and the Female Education Gap in Nineteenth-Century Prussia. *The Scandinavian Journal of Economics*, 110(4), 777-805. & Smith-Greenaway, E. (2013). Maternal Reading Skills

and Child Mortality in Nigeria: A Reassessment of Why Education Matters. *Demography*, 50(5), 1551-1561 etc.,

60. "RANKED: The World's Best Countries For A Child To Be Born In, 2020", *CEOWORLD Magazine*, 2020.02.20.

61. 〈濫生無辜、指鼠為鴨、川大女生地鐵偷拍事件、國企領導牽手門〉，*China Digital Times*，2023.06.27.

第十一章

62. 「『근태 좋은 시니어가 낫다』……美기업들 중장년 채용 열풍」，《조선일보》，2023.04.08.

63. 「『성실한 근무에 기술도 전수』 노인 뽑는 기업이 늘어난다」，《매일경제》，2016.09.06.

64. 「직원 평균 나이 64.9세……『시니어계의 삼성』이라 불리는 회사」，《조선일보》，

2022.02.15.

65. 「미묘하지만 만연한 직장 내 『먼지차별』」, *BBC News Korea*, 2018.04.20.

66. 「미세먼지만큼 해로운, 무심코 내뱉는 미세 차별」, 《한겨레21》, 2020.10.03.

第十二章

67. "Sister of Korean 'Nut Rage' Heiress Accused of Throwing Her Own Tantrum", *The New York Times*, 2018.04.13.

第十三章

68. 「카카오, 인사평가제 어떻길래?……『악마이자 살인』vs『본인이 선택한 것』」, 《시사오늘》, 2021.02.24.

69. 「『6시 넘었다고 집 가지말고 할일 하고 가』……신입사원에 보낸 선배의『경고』」, 《동아일보》, 2019.03.11.

70. 〔언론보도〕「인간, 바둑 대결서 AI 꺾다……』변칙 전략으로 허점 공략』」, *ZDNET Korea*, 2023.02.20.

後記

71. 『혐오사회』, 카롤린 엠케 지음, 정지인 옮김, 다산초당, 2017, p.18.

72. 「2000년대생은『늦게』온다……20대 초반 취업자 알바하는 까닭」,《중앙일보》, 2023.10.17.

參考書籍

《〇〇後》，李翔，新星出版社，二〇二二年。

《新生代團隊管理：用好「九〇後」，賦能「〇〇後」》，盛巍，人民郵電出版社，二〇二二年。

『#i세대』，진 트웬지 저／김현정 역，매일경제신문사，2018

『18세상』，김성윤 저，북인더갭，2014

『20대 남자，그들이 몰려온다』，박민영 저，아마존북스，2021

『20대 남자，이대남은 지금 불편하다』정여근 저，애플북스，2021

『20대 남자』，천관율，정한울 공저，시사ＩＮ북，2019

『20대 여자』，국승민，김다은，김은지，정한울 공저，시사ＩＮ북，2022

『2렇게나 2상한 2십대라니』, 소원 저, 모베리, 2022

『386 세대유감』, 김정훈, 심나리, 김항기 공저, 웅진지식하우스, 2019

『70년대생이 운다』, 박중근 저, EBS BOOKS, 2020

『80년생 김 팀장과 90년생 이 대리가 웃으며 일하는 법』, 김범준 저, 한빛비즈, 2020

『90년대』, 척 클로스터만 저/임경은 역, 온워드, 2023

『90년대생 경찰일기』, 늘새벽 저, 원앤원북스, 2021

『90년대생 소비 트렌드 2020』, 곽나래 저, 더퀘스트, 2019

『90년생 공무원이 왔다』, 정부혁신어벤져스 저, 경성 e—북스, 2020

『90년생과 일하는 방법』, 윤영철 저, 보랏빛소, 2019

『90년생은 이해 못하는 70년생 부장님의 "라떼는 말이야"』, 조기준 저, 활자공방, 2020

『90년생이 사무실에 들어오셨습니다』, 김현정 저, 자음과모음, 2020

『90년생이 온다』, 임홍택 저, 도서출판11%, 2023

『GEN Z』로버타 카츠, 세라 오길비, 제인 쇼, 린다 우드헤드 공저/송예슬 역, 문학동네, 2023

『K를 생각한다』, 임명묵 저, 사이드웨이, 2021

『MZ 익스피리언스』, 김기진, 김종찬, 박호진, 김소리, 김금용 외 12명 저, 흔들의자, 2022

『MZ 세대 트렌드 코드』, 고광열 저, 밀리언서재, 2021

『MZ 세대가 쓴 MZ 세대 사용설명서』, 김효정 저, 넥서스 BIZ, 2022

『MZ 세대라는 거짓말』, 박민영 저/문병길 기획, 미래세대, 2022

『MZ 세대와 라떼 사장님이 함께 만드는 조직문화』, 이철원 저, 슬로디미디어, 2022

『The organization man』 Whyte, W. H 저, University of Pennsylvania Press, 2013

『Z세대 트렌드 2023』, 대학내일20대연구소 저, 위즈덤하우스, 2022

『Z세대는 그런 게 아니고』, 고승연 저, 스리체어스(threechairs), 2020
『가짜뉴스의 고고학』, 최은창 저, 동아시아, 2020
『개소리에 대하여』, 해리 G.프랭크퍼트 저, 필로소픽, 2016
『개인주의자 선언』, 문유석 저, 문학동네, 2022
『결국 Z세대가 세상을 지배한다』, 김용섭 저, 퍼블리온, 2021
『결혼하지 않아도 괜찮을까?』, 마스다 미리 글그림, 이봄, 2012
『공정 이후의 세계』, 김정희원 저, 창비, 2022
『공정하다는 착각』, 마이클 샌델 저/함규진 역, 와이즈베리, 2020
『공정하지 않다』, 박원익, 조윤호 공저, 지와인, 2019
『공정한 경쟁』, 이준석 저/강희진 편, 나무옆의자, 2019
『공정한 보상』, 신재용 저, 홍문사, 2021
『관심의 경제학』, 토머스 데이븐포트 저/이동현 역, 21세기북스, 2006
『관심종자』, 양수영 저, 더로드, 2018

『관종의 시대』，김곡 저，그린비，2020
『관종의 조건』，임홍택 저，웨일북，2020
『구글은 어떻게 일하는가』，에릭 슈미트，조너선 로젠버그，앨런 이글 저，김영사，2014
『규칙 없음』，리드 헤이스팅스，에린 마이어 공저／이경남 역，알에이치코리아（RHK），2020
『그건 부당합니다』，임홍택 저，와이즈베리，2022
『그런 세대는 없다』，신진욱 저，개마고원，2022
『기브 앤 테이크』，애덤 그랜트 저／윤태준 역，생각연구소，2013
『기술의 충격』，케빈 켈리 저，민음사，2011
『김경일의 지혜로운 인간생활』，김경일 저，저녁달，2022
『꼰대 정치의 위기，90년대생의 정치질』，황희두 저，포르체，2023
『꼰대의 발견』，아거 저，인물과사상사，2017

『끌리는 채널의 비밀』, 이주현, 디바제시카 저, 멀리깊이, 2023
『나는 회사 다니면서 창업하기로 했다』, 아라이 하지메 저/김윤경 역, 와이즈맵, 2019
『나만 잘되게 해주세요』, 강보라 저, 인문과사상사, 2019
『내 꿈은 놀면서 사는 것』, 와다 히데키 저/김현영 역, 센시오 2019
『내 인생, 압축 성장의 기술』, 김미희 저, 푸른숲, 2022
『내향인 개인주의자 그리고 회사원』, 조준호, 김경일 저, 저녁달, 2023
『네트워크의 부』, 요하이 벤클러 저, 커뮤니케이션북스, 2015
『넥스트 넷플릭스』, 임석봉 저, 한스미디어, 2020
『눈감지 마라』, 이기호 저, 마음산책, 2022
『뉴타입의 시대』, 야마구치 슈 저/김윤경 역, 인플루엔셜, 2020
『뉴파워: 새로운 권력의 탄생』, 제러미 하이먼즈, 헨리 팀스 저/홍지수 역, 비즈니스북스, 2019

『다르게 보는 눈』，김상률 저，쏭북스，2020

『다양성 전략』，이종구 저，서울경제경영，2016

『다크호스』，토드 로즈，오기 오가스 공저／정미나 역，21세기북스，2019

『당선，합격，계급』，장강명 저，민음사，2018

『당신은 구글에서 일할 만큼 똑똑한가?』，윌리엄 파운드스톤 저／유지연 역，타임비즈，2012

『도둑맞은 집중력』，요한 하리 저／김하현 역，어크로스，2023

『디자인 씽킹을 넘어 프로그래밍 씽킹으로』，고승원，윤상혁 저，비제이퍼블릭（BJ퍼블릭），2021

『디퍼런트』，문영미 저，살림BIZ，2011

『뚝배기를 닦아 뿌링클을 사다』，이용규 저，좁쌀한알，2022

『루키 스마트』，리즈 와이즈먼 저／김태훈 역，한국경제신문사（한경비피），2011

『린치핀』，세스 고딘 저／윤영삼 역，라이스메이커，2019

『마카롱 사 먹는데 이유 같은 게 어딨어요?』, 이묵돌 저, 메가스터디북스, 2020
『많아지면 달라진다』, 클레이 서키 저/이충호 역, 갤리온, 2011
『말의 트렌드』, 정유라 저, 인플루엔셜, 2022
『매력 자본』, 캐서린 하킴 저/이현주 역, 민음사, 2013
『멈추지 못하는 사람들』, 애덤 알터 저/홍지수 역, 부키, 2019
『모두 거짓말을 한다』, 세스 스티븐스 다비도위츠 저/이영래 역, 더퀘스트, 2022
『모두가 인기를 원한다』, 미치 프린스틴 저/김아영 역, 위즈덤하우스, 2018
『모든 것의 가격』, 에두아르도 포터 저/손민중, 김홍래 역, 김영사, 2011
『문화사회학으로 바라본 한국의 세대 연대기』, 최샛별 저, 이화여자대학교출판문화원, 2018
『민주주의는 회사 문 앞에서 멈춘다』, 우석훈 저, 한겨레출판, 2018
『밀레니얼 실험실』, 밀실팀 저, 김영사, 2022
『밀레니얼과 함께 일하는 법』, 이은형 저, 앳워크, 2019

『밀레니얼은 왜 가난한가』，헬렌 레이저 저／강은지 역，아날로그（글담），2020
『밀레니얼은 처음이라서』，박소영，이찬 공저，kmac，2019
『밀레니얼의 마음』，강덕구 저，민음사，2022
『밀레니얼의 반격』，전정환 저，더퀘스트，2019
『밀레니얼의 일，말，삶』，김미라 저，좋은땅，2020
『밀레니얼이 회사를 바꾸는38가지 방법』，홍승우 저，위즈덤하우스，2019
『번아웃 세대』，곽연선 저，스리체어스（threechairs），2022
『복수의 심리학』，스티븐 파인먼 저／이재경 역，반니，2018
『부유한 노예』，로버트 B. 라이시 저，김영사，2001
『상징의 탄생』，박성현 저，심볼리쿠스，2017
『새로운 미래가 온다』，다니엘 핑크 저／김명철 역，한국경제신문사（한경비피），
『생각 조종자들』，리 프레이저 저／이현숙，이정태 역，알키，2011
『서사의 위기』，한병철 저，다산초당，2023

『선을 넘는 사람들』, 조상욱 저, 인북, 2023
『선을 넘는 한국인, 선을 긋는 일본인』, 한민 저, 부키, 2022
『선택할 자유』, 밀턴 프리드먼, 로즈 프리드먼 저/민병균, 서재명, 한홍순 역, 자유기업원, 2022
『세대 문제』, 카를 만하임 저/이남석 역, 책세상, 2013
『세상을 바꾼 길들임의 역사』, 앨리스 로버츠 저/김명주 역, 푸른숲, 2019
『세습 중산층 사회』, 조귀동 저, 생각의힘, 2020
『센 세대, 낀 세대, 신세대 3세대 전쟁과 평화』, 김성회 저, 쌤앤파커스, 2020
『셀러브리티』, 그레엄 터너 저/권오헌, 심성보, 정수남 역, 이매진, 2018
『셀러브리티』, 크리스 로젝 저/문미리, 이상록 공역, 한울아카데미, 2019
『셀러브리티의 시대』, 이수형 저, 미래의창, 2014
『소설가라는 이상한 직업』, 장강명 저, 유유히, 2023
『소소한 일상의 대단한 역사』, 그레그 제너 저/서정아 역, 와이즈베리, 2017

『스탠퍼드는 명함을 돌리지 않는다』，라이언 다케시타 저／정은희 역，인플루엔셜，2019

『스틱!』，칩 히스，댄 히스 저／박슬라，안진환 역，웅진지식하우스，2022

『스펙타클의 사회』，기 드보르 저／유재홍 역，울력，2014

『시간을 잃어버린 사람들』，테레사 뷔커 저／김현정 역，원더박스，2023

『실력의 배신』，박남기 저，쌤앤파커스，2018

『실리콘밸리에선 어떻게 일하나요』，크리스 채 저，더퀘스트，2022

『실어증입니다，일하기싫어증』，양경수 저，오우아，2016

『아름다움의 진화』，리처드 프럼 저／양병찬 역，동아시아，2019

『안티프래질 Antifragile』，나심 니콜라스 탈레브 저／안세민 역，와이즈베리，2013

『어떻게 능력을 보여줄 것인가』，잭 내셔 저／안인희 역，갤리온，2018

『어른의 시간』，줄리 리스콧—헤임스 공저／박선영 역，온워드，2022

『어쩌다 한국인』，허태균 저，중앙북스（books），2015

『언론과 진실, 이상한 동거』, 톰 골드스타인 저/김경호 역, 커뮤니케이션북스, 2008

『언리시』, 조용민 저, 위즈덤하우스, 2022

『언바운드 UNBOUND』, 조용민 저, 인플루엔셜, 2021

『언젠간 잘리고, 회사는 망하고, 우리는 죽는다!』, 이동수 저, 알에이치코리아(RHK), 2022

『오래가는 것들의 비밀』, 이랑주 저, 지와인, 2019

『요즘 것들의 사생활 : 결혼생활탐구』, 백구부부, 이혜민 저, 구백킬로미터(900km), 2018

『요즘 것들의 사생활 : 먹고사니즘』 이혜민 저, 구백킬로미터(900km), 2021

『요즘 세대와 원 팀으로 일하는 법』, 키이스 페라지 저/황선영 역, 마일스톤, 2022

『요즘 아이들 마음고생의 비밀』, 김현수 저, 해냄, 2019

『요즘 애들, 요즘 어른들』, 김용섭 저, 21세기북스, 2019

『요즘 애들』，앤 헬렌 피터슨 저／박다솜 역，알에이치코리아（RHK），2021
『우리 본성의 선한 천사』，스티븐 핑커 저／김명남 역，사이언스북스，2014
『유감스러운 생물，수컷』，후지타 고이치로 저／혜원 역，반니，2020
『유튜버가 말하는 유튜버』，런업 저，부키，2019
『유튜버들』，크리스 스토클―워커 저／엄창호 역，미래의창，2020
『유튜브 레볼루션』，로버트 킨슬，마니 페이반 저／신솔잎 역，더퀘스트，2018
『의미의 시대』，세스 고딘 저／박세연 역，알에이치코리아（RHK），2023
『이기적 직원들이 만드는 최고의 회사』，유호현 저，스마트북스，2019
『이미지와 환상』，다니엘 부어스틴 저，사계절，2004
『이상한 놈들이 온다』，세스 고딘 저／김정한 역，라이스메이커，2020
『이제 막 출근했는데，뭘 하라고요？』，윤홍준 저，이담북스（이담Books），2020
『인간의 조건』，한나 아렌트 저／이진우 역，한길사，2019
『인류는 어떻게 역사가 되었나』，헤르만 파르칭거 저／나유신 역，글항아리，2020

『인류세의 모험』, 가이아 빈스 저/김명주 역, 곰출판, 2018
『인류의 기원』, 이상희, 윤신영 저, 사이언스북스, 2015
『인비저블 INVISIBLES』, 데이비드 즈와이그 저/박슬라 역, 민음인, 2015
『인스타그램에는 절망이 없다』, 정지우 저, 한겨레출판, 2020
『인지편향사전』, 이남석 저, 옥당, 2016
『인터넷의 철학』, 휴버트 드레이퍼스 저, 필로소픽, 2015
『일을 리디자인하라』, 린다 그래튼 저/김희주 역, 클, 2023
『일의 역사』, 제임스 수즈먼 저/김병화 역/박한선 감수, 알에이치코리아(RHK), 2022
『일이란 무엇인가』, 고동진 저, 민음사, 2023
『일하는 마음』, 제현주 저, 어크로스, 2018
『자유의 법』, 로널드 드워킨 저/이민열 역, 미지북스, 2019
『절망의 나라의 행복한 젊은이들』, 후루이치 노리토시 저/오찬호 해제/이언숙 역,

민음사，2014
『정치적 부족주의』，에이미 추아 저／김승진 역，부키，2020
『조직의 재창조』，프레데릭 라루 저／박래효 역，생각사랑，2016
『좋아 보이는 것들의 비밀』，이랑주 저，인플루엔셜，2016
『지상 최대의 경제 사기극，세대전쟁』，박종훈 저，21세기북스，2013
『진정성이라는 거짓말』，앤드류 포터 저／노시내 역，마티，2016
『책 한번 써봅시다』，장강명 저／이내 그림，한겨레출판，2020
『초격차』，권오현 저／김상근 정리，쌤앤파커스，2018
『최강소비권력Z세대가 온다』，제프 프롬，앤지 리드 공저／임가영 역，홍익출판사，2018
『출생을 넘어서』，황경문 저／백광열 역，너머북스，2022
『침입종 인간』，팻 시프먼 저／조은영 역／진주현 감수，푸른숲，2017
『커뮤니티 자본론』，전정환 저，클라우드나인，2023

『코끼리와 벼룩』, 찰스 핸디 저/이종인 역, 모멘텀(momentum), 2016

『콰이어트』, 수전 케인 저/김우열 역, 알에이치코리아(RHK), 2021

『타인의 해석』, 말콤 글래드웰 저/유강은 역, 김영사, 2020

『트라이브즈 Tribes』, 세스 고딘 저/유하늘 역, 시목, 2020

『팀장, 바로 당신의 조건』, 양병채, 임홍택 공저, 스노우폭스북스, 2023

『파워풀』, 패티 맥코드 저/허란, 추가영 역, 한국경제신문사(한경비피), 2020

『팩트풀니스』, 한스 로슬링, 올라 로슬링, 안나 로슬링 뢴룬드 공저/이창신 역, 김영사, 2019

『평균의 종말』, 토드 로즈 저/정미나 역/이우일 감수, 21세기북스, 2021

『포노 사피엔스』, 최재붕 저, 쌤앤파커스, 2019

『프로필 사회』, 한스 게오르크 묄러, 폴 J. 담브로시오 공저/김한슬기 역, 생각이음, 2022

『피지올로구스』, 피지올로구스 저/노성두 역, 지와사랑, 2022

『핑크펭귄』，빌 비숍 저／안진환 역，스노우폭스북스，2021
『하이프 머신』，시난 아랄 저／엄성수 역，쌤앤파커스，2022
『학종유감』，이천종 저，카시오페아，2019
『한국사람 만들기 1』，함재봉 저，에이치（H）프레스，2020
『함께라서：XYZ 세대 공감 프로젝트』，최원설，이재하，고은비 공저，플랜비디자인，2021
『행복의 기원』，서은국 저，21세기북스，2014
『행복한 이기주의자』，웨인 다이어 저／오현정 역，21세기북스，2019
『현재의 충격』，더글러스 러시코프 저／박종성 역，청림출판，2014
『혐오 사회』，카롤린 엠케 저／정지인 역，다산초당，2017
『호모 사피엔스，그 성공의 비밀』，조지프 헨릭 저／이병권 역，뿌리와이파리，2019
『확신의 덫』，장 프랑수아 만초니，장 루이 바르수 공저／이아린 역，위즈덤하우스，

2014
『회사 가기 싫지만 돈을 벌고 싶어』，묘한량 저，코리아닷컴（Korea.com），2020
『회사 밥맛』，서귤 저，arte（아르테），2020
『회사를 다닐 수도，떠날 수도 없을 때』，박태현 저／조자까 그림，중앙북스（books），2020
『회사말고 내 콘텐츠』，서민규 저，마인드빌딩，2019
『회사의 잔상』，진주리 저，인디펍，2023
『회사인간，회사를 떠나다』，김종률 저，스리체어스（threechairs），2017
『회사인간』，장재용 저，스노우폭스북스，2022
『회사인간사회의 성』，오사와 마리 저，나남，1995

為了撰寫本書，我列出了直接和間接參考的書籍，並在註腳和註釋中分別標註了直接引用的字句。在此謹向所有提供寶貴見解的作者，致以誠摯的謝意。關於直接引用的內容，我已嘗試提前獲得作者和出版商的許可，但可能仍有一些不足之處。如有任何問題，請與我們聯絡，我們將予以改進。

新商業周刊叢書　BW0875

解鎖Z世代職場即戰力

掌握「超合理、超個人、超自主」三大特質，建立跨世代順暢溝通、高效共事的團隊文化

原文書名／2000년생이 온다：초합리，초개인，초자율의 탈회사형 AI 인간
作　　者／林洪澤（임홍택）
譯　　者／張亞薇
企劃選書／陳冠豪
責任編輯／鄭宇涵
版　　權／吳亭儀、江欣瑜、顏慧儀、游晨瑋
行銷業務／周佑潔、林秀津、林詩富、吳藝佳、吳淑華

總 編 輯／陳美靜
總 經 理／賈俊國
事業群總經理／黃淑貞
發 行 人／何飛鵬
法律顧問／元禾法律事務所　王子文律師
出　　版／商周出版　115台北市南港區昆陽街16號4樓
電話：(02) 2500-7008　傳真：(02) 2500-7579
E-mail：bwp.service@cite.com.tw
發　　行／英屬蓋曼群島商家庭傳媒股份有限公司　城邦分公司
115台北市南港區昆陽街16號8樓
電話：(02) 2500-0888　傳真：(02) 2500-1938
讀者服務專線：0800-020-299　24小時傳真服務：(02) 2517-0999
讀者服務信箱：service@readingclub.com.tw
劃撥帳號：19833503
戶名：英屬蓋曼群島商家庭傳媒股份有限公司城邦分公司
香港發行所／城邦（香港）出版集團有限公司
香港九龍土瓜灣土瓜灣道86號順聯工業大廈6樓A室
電話：(852) 2508-6231　傳真：(852) 2578-9337
E-mail：hkcite@biznetvigator.com
馬新發行所／城邦（馬新）出版集團 Cite (M) Sdn Bhd
41, Jalan Radin Anum, Bandar Baru Sri Petaling, 57000 Kuala Lumpur, Malaysia.
電話：(603) 9056-3833　傳真：(603) 9057-6622
E-mail：services@cite.my

封面設計／比比司設計工作室　　內文設計排版／唯翔工作室
印　　刷／鴻霖印刷傳媒股份有限公司
經 銷 商／聯合發行股份有限公司　電話：(02) 2917-8022　傳真：(02) 2911-0053
地址：新北市231新店區寶橋路235巷6弄6號2樓

ISBN／978-626-390-635-8（紙本）　978-626-390-634-1（EPUB）
定價／480元（紙本）　340元（EPUB）

國家圖書館出版品預行編目(CIP)數據

解鎖Z世代職場即戰力：掌握「超合理、超個人、超自主」三大特質，建立跨世代順暢溝通、高效共事的團隊文化／林洪澤著；張亞薇譯. -- 初版. -- 臺北市：商周出版：英屬蓋曼群島商家庭傳媒股份有限公司城邦分公司發行，2025.09

面；　公分. --（新商業周刊叢書；BW0875）

譯自：2000년생이 온다：초합리，초개인，초자율의 탈회사형 AI 인간

ISBN　978-626-390-635-8(平裝)

1.CST：人力資源管理　2.CST：組織管理

494.3　　114010618

2025年9月初版

2000 년생이 온다
People born in the 2000s are coming